Jazuli Abdullahi
Gözen Elkıran

Avaliação da pegada hídrica na Nigéria

Jazuli Abdullahi
Gözen Elkıran

Avaliação da pegada hídrica na Nigéria

Avaliação do padrão de cultivo

ScienciaScripts

Imprint

Any brand names and product names mentioned in this book are subject to trademark, brand or patent protection and are trademarks or registered trademarks of their respective holders. The use of brand names, product names, common names, trade names, product descriptions etc. even without a particular marking in this work is in no way to be construed to mean that such names may be regarded as unrestricted in respect of trademark and brand protection legislation and could thus be used by anyone.

Cover image: www.ingimage.com

This book is a translation from the original published under ISBN 978-620-2-09645-4.

Publisher:
Sciencia Scripts
is a trademark of
Dodo Books Indian Ocean Ltd. and OmniScriptum S.R.L publishing group

120 High Road, East Finchley, London, N2 9ED, United Kingdom
Str. Armeneasca 28/1, office 1, Chisinau MD-2012, Republic of Moldova, Europe
Printed at: see last page
ISBN: 978-620-8-02540-3

Índice

Resumo

Com o crescimento contínuo da população mundial, a procura de água aumenta e, consequentemente, a escassez de água aumenta. É necessário adotar medidas adequadas para utilizar corretamente a água disponível. O comércio virtual de água é definido como o volume de água transportado nos alimentos importados ou exportados. Assim, esta investigação teve como objetivo determinar o volume de água virtual necessário para produzir 25 culturas diferentes nas regiões semi-áridas da Nigéria em 2013. Entretanto, foram distinguidas as importações e exportações de água virtual, o volume de água virtual produzida, o balanço hídrico e a pegada hídrica, as contribuições da água verde, azul e cinzenta para a produção de culturas, os custos de importação, as receitas de exportação e o valor de produção das culturas selecionadas. O software CROPWAT 8.0 foi utilizado na realização desta investigação. Os resultados obtidos foram apresentados e foram efectuadas comparações com estudos prévios para a Nigéria.

Lista de abreviaturas

Abbreviations	Full Meaning
VWC	Virtual Water Content
VWT	Virtual Water Trade
WB	Water Balance
VWD	Virtual Water Demand
WP	Water Footprint
VWI	Virtual Water Import
VWE	Virtual Water Export
CT	Crop Trade
CWR	Crop Water Requirements
CY	Crop Yield
NVWI	Net Virtual Water Import
NVWE	Net Virtual Water Export
GVWI	Gross Virtual Water Import
GVWE	Gross Virtual Water Export
QP	Quantity Produced
GVWC	Gross Virtual Water Content
GVWD	Green Virtual Water Demand
BVWD	Blue Virtual Water Demand
G_RVWD	Grey Virtual Water Demand

Capítulo 1

Introdução

1.1 Globalização do comércio

Com a diversificação dos sistemas de comunicação e de informação, a supressão das barreiras ao comércio internacional e o aumento do poder económico das empresas globais, o comércio mundial tem vindo a ganhar um impulso rápido há mais de um quarto do século passado. No entanto, com a travessia de Colombo, o colonialismo europeu de 450 anos tornou-se otimista, e a economia global moderna é o resultado dos alicerces lançados pelo império colonial (Ellwood, 2006). O comércio global avançou drasticamente na época do colonialismo, uma vez que as matérias-primas eram importadas pelas potências europeias a partir dos seus territórios de controlo, incluindo peles, peixe e madeiras do Canadá, ouro e escravos de África, frutos e rum de açúcar das Caraíbas, especiarias e chá da Ásia, prata, carne, café e ouro da América Latina. As potências europeias recolheram muitas riquezas dos países das colónias, embora algumas tenham sido retiradas para serem investidas em barragens, portos, cidades, estradas e caminhos-de-ferro (Ellwood, 2006). Na história da globalização, existem várias paisagens diferentes, como ilustram Rennen e Martens (2003), com base no contexto escolhido, incluindo o ponto de vista político (descoberta da América em 1492), o ponto de vista tecnológico (invenção da máquina a vapor em 1765), o ponto de vista económico (Fundação Unida das Índias Orientais Holandesas em 1602) e o ponto de vista ambiental (Limites de crescimento do clube de Roma em 1972).

O processo de globalização é um processo difícil que se estende da cultura ao domínio político, ao ambiente e à economia. As perspectivas de globalização são em numerosos momentos enviesadas com figuras frequentemente seguidas para manter a filosofia desejada. A proteção em si não recusa o fenómeno, mas concentra-se no processo dirigido e definido (Rennen e Martens, 2003).

Em muitos locais do globo, as interações intencionais, para além da reclusão, têm sido o princípio por detrás do progresso económico. Os benefícios da globalização do comércio chegaram a alguns e outros ainda estão a chegar (Watkins e Fowler, 2002).

A forte oposição à globalização acredita que a noção de competição em que o vencedor leva tudo tem aumentado o fosso entre os pobres e os ricos. Eles imaginam que a degradação ambiental, bem como o aumento da pobreza, são alimentados pelo comércio global e pelas indústrias agrícolas de grande escala (Cavanagh e Mander, 2002). Os subsídios à agricultura, as barreiras ao comércio e o dumping nas exportações contam-se entre as principais razões apontadas pela Organização Mundial do Comércio (OMC) (Oxfam, 2003; Watkins e Fowler, 2002).

Nos mercados globalizados, podem surgir incertezas, mas estas dão lugar ao aparecimento de novas oportunidades (Daveri et al., 2003). Concentrar-se numa única direção da globalização para obter percepções inexactas. Em suma, o objetivo é fornecer à comunidade global o material necessário de uma forma otimista em termos de igualdade e que não prejudique o ambiente (Dicken, 1992).

1.2 Globalização da água

Embora o governo global não exista, muitas organizações regionais e globais foram criadas para controlar as questões transfronteiriças da água, o que constitui um governo global para um sistema emergente que exibe um aumento na coordenação de políticas entre governos, movimentos sociais e organizações intergovernamentais. Nesta conjuntura, os objectivos e metas são alcançados através de acordos consensuais sobre valores, regras e princípios. Atualmente, as bacias hidrográficas internacionais são em número de 261, e 145 países partilham bacias territoriais que abrangem cerca de 50% da superfície terrestre global, envolvendo mais de 40% da população mundial (UNESCO - WWAP, 2003).

Com a invenção da comissão do rio Mekong em 1957, o regime da água foi introduzido a nível internacional. As questões da globalização da água tornaram-se evidentes com a invenção de numerosas comissões internacionais para tratar de questões relacionadas com a água. Por exemplo, o Botsuana, a Namíbia e Angola criaram, em 1994, uma comissão permanente da água denominada Bacia do Rio Okavango, para organizar e participar na distribuição dos recursos hídricos da bacia. A Bacia do Nilo foi criada em 1999 com a ambição de manter o desenvolvimento socioeconómico através de uma gestão justa e as contribuições dos recursos hídricos da Bacia do Nilo podem ser outro grande exemplo de afiliações transfronteiriças para a gestão da bacia hidrográfica. Para além disso, todas estas realizações são passos em frente na gestão dos recursos hídricos que ultrapassam as fronteiras dos regimes entre a escala nacional e a escala da bacia. Foram exigidas soluções na fronteira da bacia.

Existem muitos esquemas de transferência de água entre regiões excedentárias e regiões deficitárias, geralmente entre fronteiras políticas ou nacionais. As propostas de transferência de água a granel foram apresentadas tanto a nível global como internacional (Gleick et al., 2002). Muitos destes projectos de transferência de água em grande escala, quer estejam a ser implementados ou concebidos, são os projectos indianos de transferência de água entre bacias, os projectos chineses de transferência de água entre o Sul e o Norte e os projectos do Lesoto de transferência de água entre as terras altas e a África do Sul. O comércio a granel de água doce em grande escala é atualmente uma questão discutível para as negociações e argumentos no comércio internacional. Muitas dessas transferências da China e da Índia são implementadas individualmente à escala nacional, embora o projeto indiano tenha consequências nas bacias distribuídas.

Ao abordar os problemas actuais e provavelmente futuros de escassez de água, a utilização máxima dos recursos hídricos a nível mundial tornou-se o principal ponto de deliberação no sector dos recursos hídricos. A eficiência pode ser avaliada quer no sentido físico quer no sentido económico. A eficiência económica na utilização da água implica que o benefício marginal deve ser sempre superior ao custo marginal, ou seja, o custo marginal deve ser inferior ou igual aos benefícios marginais. Por conseguinte, a distribuição da água pelos locais de utilização deve ser considerada de acordo com o retorno económico, enquanto o volume de água utilizado para uma determinada água utilizada deve ser de tal forma que o custo marginal seja igual aos benefícios marginais (Chapagain, 2006).

Uma investigação efectuada por Hoekstra e Hung (2002; 2005) diferencia a utilização da água em três (3) níveis distintos em que a eficiência na utilização da água pode ser melhorada através da tomada de decisões, incluindo o nível global, o nível da bacia e o nível local. A utilização de culturas diferentes ou a redução do desperdício de água na agricultura ou a utilização de tecnologias mais eficientes no domínio da água para obter resultados semelhantes, aumentando assim a eficiência da água utilizada localmente. A eficiência pode ser aumentada através da distribuição da água para utilizações com um maior benefício marginal a nível da bacia. A eficiência pode ser aumentada a nível global através da produção em locais mais preferenciais. Em todos os níveis, o aumento da eficiência física deve ser o ponto principal, o que implica obter o mesmo resultado utilizando pouca ou menos água (cubo de metro pequeno por kg de água ou dólar de produção) ou aumentar a eficiência económica optimizando o resultado global com o conjunto completo de recursos hídricos. A gestão da sustentabilidade dos recursos hídricos exige uma tomada de decisão sistemática e desagregada, que identifique os três níveis de interdependência da tomada de decisão (Gallopin e Rajisberman, 2000).

1.3 Comércio virtual de água

A expressão "Água Virtual" foi inicialmente introduzida por Allan (1993; 1994), sendo descrita como o volume de água necessário para a produção de uma mercadoria e/ou serviços (Allen, 1998a; Allan, 1999b; Hoekstra, 1998). Embora os produtos e/ou serviços sejam transferidos de uma posição para outra, houve pouca transferência física de água (com exceção do conteúdo de água nas medidas quantitativas do produto, que é insignificante). No entanto, há uma transferência essencial de água virtual. Do ponto de vista da nação, Haddadin (2003) definiu a água virtual com a expressão "água exógena". A água virtual é, no entanto, designada por água ultravioleta, enquanto as diferentes formas de água são classificadas como água cinzenta, verde, branca, azul profunda e azul (Savenije, 2004).

A água virtual é definida mais especificamente em duas perspectivas diferentes: na perspetiva da produção e na perspetiva da utilização (Hoekstra, 2003). A perspetiva da produção considera que a água virtual é a água (água real) responsável pela produção de mercadorias. A eficiência da água utilizada e o tempo de produção são algumas das condições de produção das quais depende o local de produção. Na perspetiva da água utilizada, o termo "teor de água virtual" refere-se à quantidade de água que poderia ter sido necessária para a produção de um produto na região ou no ponto em que o produto foi utilizado. A primeira definição é importante se houver interesse em conhecer a quantidade de água efetivamente utilizada na produção de um projeto, por exemplo, para prever o impacto da produção no ambiente. A segunda definição é importante quando se pretende saber a quantidade de água poupada por um país através da importação de um produto em vez de o produzir internamente.

Na definição da segunda perspetiva da água virtual, o problema surge quando os produtos não podem ser produzidos numa região onde são importados, por algumas razões, como por exemplo, devido às condições do clima. Renault (2003) determinou a substituição do conteúdo de água virtual do produto em consideração, concebendo um meio de equivalência nutricional que determinava a comparação de produtos alimentares devido aos valores nutricionais.

Como a produtividade da água, a tendência aumenta geralmente com o tempo, portanto, o conteúdo de água virtual da mercadoria depende do tempo (Renault, 2003). É, no entanto, essencial que se considere a água virtual do passado ou do futuro. Por conseguinte, a água virtual difere tanto no tempo como no espaço.

A investigação de Allen (1998a) explica porque é que no Médio Oriente não houve conflitos por causa da água, apesar de muitas economias possuírem apenas metade da água de que necessitavam nas zonas áridas. Esclareceu ainda que os problemas de abastecimento de água eram resolvidos pelo sistema económico das regiões através do comércio virtual de água. Quando os produtos que consomem muita água são exportados para outro país, essa água exportada assume uma forma virtual. Com base nisto, alguns países obtêm a água de que necessitam com o apoio de outros países. Para os países com escassez de água, a segurança hídrica é conseguida através da importação de produtos com utilização intensiva de água, em vez de produzir internamente todos os produtos que exigem água. Entretanto, os países ricos em água beneficiam da disponibilidade dos seus recursos hídricos através da produção de produtos com utilização intensiva de água para exportação. Devido aos custos associados e à grande distância, é praticamente impossível efetuar um comércio real de água entre regiões pobres e ricas em água, mas o comércio virtual de água é realista com o comércio de produtos com utilização intensiva de água. Para um país com diferentes zonas climáticas, a tendência é igualmente aplicável à melhoria da eficiência entre as próprias regiões do país.

Allen (1998a) descreveu a forma como o problema da escassez de água nas bacias hidrográficas pode ser resolvido com precisão, optando pelo ponto de vista económico internacional. O sistema económico globalmente desenvolvido é essencial para colmatar a escassez periódica local (Allan, 1999a). [st]Allan resolveu por que razão, apesar de ter sido necessário o dobro da água disponível para satisfazer a procura do Médio Oriente em 1990 e apesar da tendência demográfica que sugere que a região necessitará de quatro vezes mais água do que a atualmente disponível até ao século XXI, [3rd] década, foi observado que o orçamento hídrico da região pode ser equilibrado através da importação de água virtual. Atualmente, a região do Médio Oriente e do Norte de África (MENA) importa anualmente um volume de água equivalente ao caudal anual do Nilo para a região (Allan, 2001).

É provável que a vantagem da água virtual aumente drasticamente a nível mundial, devido à extrapolação efectuada pelo International Food Policy Research Institute (IFPRI). Rosegrant e Ringler (1999) estimaram que o comércio de alimentos aumentaria rapidamente: Os cereais duplicarão e a carne triplicará entre 1993 e 2020. Embora a tendência para a autossuficiência alimentar e hídrica pareça fascinante e dê um forte otimismo aos sentimentos nacionais, isto dá origem a uma perceção não autêntica da necessidade de água, que é insustentável e irracional em muitas regiões áridas. É necessária uma economia forte que gere receitas de exportação adequadas para fazer face às importações virtuais de água ou aos custos alimentares necessários (Shuval, 1998). A terra, o capital e o trabalho encarnados no produto devem ser tomados em consideração nos países em que um ou muitos dos recursos são escassos (Wichelns, 2001).

Na maioria dos países que se situam em regiões áridas e semi-áridas, a gestão dos recursos hídricos é frequentemente significativa e controversa (Garrido et al., 2010). A opinião de muitos profissionais dos recursos hídricos atribui a escassez de água à má gestão da água e não à escassez natural (Garrido e Dinar 2009, Benoit e Comeau 2005).

A região semi-árida cobria uma grande parte do Norte da Nigéria e inclui as regiões bioclimáticas da savana do Sahel e do Sudão. O clima é dominado pela chuva, pelas massas de ar secas, tropicais continentais do nordeste e tropicais marítimas do sudoeste (Tarhule e Woo, 1998). Nalgumas regiões da Nigéria, sobretudo nas regiões do norte, a precipitação anual é insuficiente. No entanto, em muitas outras áreas, a baixa dependência das chuvas, a distribuição espacial e temporal são os principais problemas (FAO AQUASTAT, 2005).

Esta investigação teve como objetivo determinar o volume de água virtual necessário para produzir 25 culturas diferentes nas regiões semi-áridas da Nigéria em 2013, as importações e exportações de água virtual, o volume de água virtual produzida, o balanço hídrico e a pegada hídrica, as contribuições da água verde, azul e cinzenta para a produção de culturas, os custos de importação, as receitas de exportação e o valor da produção das culturas selecionadas. Os resultados obtidos foram comparados com os estudos antigos para servir de orientação aos cientistas e às agências que lidam com o sector. O resultado mostrou que nas 7 regiões da zona semi-árida, a soma dos volumes de água virtual produzida das culturas selecionadas foi de aproximadamente 35,9 Gm^3 yr^{-1} , o volume de importações de água virtual foi de 8,6 Gm^3 yr^{-1} , o volume de exportações de água virtual foi de 27,5 Mm^3 yr^{-1} , o balanço hídrico foi de 8,6 Gm^3 y^{-1} e a pegada hídrica foi de 44,5 Gm^3 yr^{-1} . O valor total da produção foi de 2,6 mil milhões de dólares, o custo de importação foi de 794,6 milhões de dólares e as receitas de exportação de 1,1 milhões de dólares. A região adequada para o cultivo de culturas nas regiões semi-áridas da Nigéria é Gusau, uma vez que tem uma maior percentagem de água da chuva utilizada do que outras, o que pode, por conseguinte, reduzir o custo de produção e a escassez de água.

Capítulo 2

Revisão da literatura

2.1 Estudos anteriores para a Nigéria

De acordo com Mekonnen e Hoekstra (2011), a Nigéria foi o sétimo (7) país do mundo com maior pegada hídrica na produção agrícola, depois da Índia, China, EUA, Brasil, Rússia e Indonésia, entre 1996 e 2005. A Nigéria tinha uma pegada hídrica total de $192Gm^3$ /yr. A água verde contribui com 99,3% da pegada hídrica total com $190,6Gm^3$ /yr, a água azul com 0,6% e $1,1Gm^3$ /yr, e a água cinzenta com 0,3% e $0,6Gm^3$ /yr.

De acordo com um estudo de Hoekstra (2003), entre 1995 e 1999, a importação líquida de água virtual (balanço hídrico) da Nigéria situou-se entre 10 e 50 Gm^3 /yr. Além disso, as importações líquidas de água virtual (balanço hídrico) de África no mesmo período foram de 242 Gm^3 /yr.

Chapagain e Hoekstra (2003) e Zimmer e Renault (2003) efectuaram uma investigação na Nigéria sobre o comércio virtual de água em 2003. Os resultados de Chapagain e Hoekstra (2003) revelaram que a importação bruta de água virtual da Nigéria foi de 6,4 Gm^3 /yr, a exportação bruta de água virtual foi de 1,0 Gm^3 /yr e a importação líquida de água virtual foi de 5,4 Gm^3 /yr. Enquanto a investigação de Zimmer e Renault (2003) mostrou que a importação bruta de água virtual da Nigéria em 1999 foi de 8 Gm^3 /yr, a exportação bruta de água virtual foi de 0,3 Gm^3 /yr e a importação líquida de água virtual foi de 7 Gm^3 /yr.

O estudo de Hoekstra e Hung (2002) mostrou que, entre 1995 e 1999, a Nigéria ocupava a posição 24th entre os 30 principais países importadores de água virtual do mundo, com uma importação líquida de água virtual (balanço hídrico) de 24 Gm^3 /ano. Era o 4th dos principais países africanos com as maiores importações de água virtual, atrás do Egito, Argélia e Marrocos, que ocupavam respetivamente 8th , 14th e 21st posições nos 30 primeiros. No entanto, a investigação revelou que, no referido período (1995 - 1999), a capacidade de produção da Nigéria foi de aproximadamente 124 milhões de toneladas, a retirada de água foi de 4,6 Gm^3 /ano, a disponibilidade de água foi de 280 Gm^3 /ano, a exportação bruta de água virtual foi de 934,4 Mm^3 /ano, a importação bruta de água virtual foi de 5,8 Gm^3 /ano, a importação líquida de água virtual foi de 4,9 Gm^3 /ano e a pegada de água foi de 77 Mm^3 /ano per capita. Além disso, Hoekstra e Hung (2002) revelaram que, em 1995, a Nigéria estava entre os países do mundo com 70 a 90% de autossuficiência de água.

Yang et al.(2006) afirmaram que, entre 1997 e 2001, a Nigéria estava entre os países do mundo com uma importação líquida total de água virtual de 487,1 Gm^3 /yr e uma percentagem total de importação líquida de água virtual de 68,1%. No entanto, a Nigéria, no referido período, tinha uma disponibilidade de água per capita superior a 2500m^3 .

2.2 Comércio mundial de água virtual

De acordo com Fraiture et al. (2004), a utilização de água pode ser reduzida através do comércio virtual de água, tanto a nível global como nacional. Com efeito, para 1 kg de cereal produzido, estão envolvidos entre 500 e 4.000 litros de água de cultivo. Ao importar alimentos em vez de os produzir internamente, o consumo de água de um país é reduzido. Do ponto de vista global, a poupança de água de um país é possível através do comércio quando o importador é menos eficiente em termos de água do que o exportador. A utilização da água por irrigação é reduzida através do comércio em situações de cultivo de sequeiro pelo país exportador, enquanto o país importador recorreria à agricultura de regadio.

Shi et al. (2014) afirmam que a importação de água virtual ultrapassa em grande medida a exportação de água virtual da China e que uma média anual de 97% da importação de água virtual da China é constituída por cereais. No entanto, 53% das exportações de água virtual são grãos, embora não seja uma cultura dominante em comparação com a importação. As exportações de água virtual de produtos hortícolas e frutos são pouco significativas, embora as culturas de rendimento sejam significativas, com uma quota de 46%, sendo as exportações de água de chá a fonte mais significativa. A investigação revelou também que a China importa água virtual de regiões com abundância de água da América do Sul e da América do Norte, sendo assim considerada um país importador líquido de água virtual. Além disso, a China exporta água virtual para regiões com escassez de água em África, na Europa e na Ásia. A importação de água virtual é superior à exportação e a cadeia de abastecimento é controlada por poucos parceiros comerciais. As culturas de cereais contribuem para a maior parte do comércio de água virtual. No entanto, as culturas de cereais mais importantes importadas geralmente do Brasil, da Argentina e dos EUA são os grãos de soja. O estudo indica ainda que os países pobres com abundância de água podem reduzir a sua escassez de água através da importação virtual de produtos de base com utilização intensiva de água, em vez de os produzirem internamente, ao passo que os países com abundância de água ganham economicamente com a exportação virtual de água dos seus recursos ricos em água. De acordo com o resultado, as importações líquidas de água virtual da China aumentaram drasticamente em 2009 para 137,14 Gm^3 a partir de 1986 de 7,02 Gm^3 . O padrão de comércio de água virtual da tendência é idêntico historicamente, enquanto os valores de comércio de água virtual são insignificantemente menores. Em continuação, o resultado mostrou que os cereais, sendo o maior contribuinte para as exportações de água virtual, podem mais tarde perder a sua posição e ser substituídos por culturas de rendimento.

Hoekstra e Hung (2005) calcularam o volume internacional de comércio virtual de água relacionado com as culturas entre 1995 e 1999, tendo os resultados revelado que a exportação de água sob forma virtual constitui uma utilização de água das culturas de 13% da produção. Além disso, a investigação revelou que o volume global médio do comércio internacional de água virtual em relação às culturas entre 19951999 foi de 695Gm^3 /yr. Outros resultados indicaram que, tendo em conta o referido período, os cinco maiores países exportadores de água virtual líquida, por ordem ascendente, foram a Índia, a Argentina, a Tailândia, o Canadá e os Estados Unidos da América. Por outro lado, os cinco países que mais importaram água virtual líquida, por ordem crescente, foram a Indonésia, a China, a República da Coreia, os Países Baixos e o Japão. Foi ainda revelado que o resultado mostrou que os países em desenvolvimento têm geralmente menos estabilidade no balanço hídrico virtual do que os países desenvolvidos. Por exemplo, foram encontrados anos óptimos de exportação de água virtual na Síria, Guatemala, Vietname, Índia e Tailândia. A ocorrência de anos óptimos com grandes importações de água virtual verificou-se na Jordânia. Além disso, a investigação esclareceu que países comparativamente próximos no que respeita ao nível de desenvolvimento e à geografia podem ter balanços hídricos virtuais diferentes. Países europeus como a Alemanha, a Bélgica, a Itália, os Países Baixos e a Espanha importam água virtual das culturas, mas a França exporta muita água virtual. No que se refere ao Médio Oriente, a Síria registou uma exportação líquida de água virtual para as culturas, mas Israel e a Jordânia registaram uma importação líquida de água virtual. Na África Austral, a Zâmbia e o Zimbabué, entre 1995 e 1999, registaram exportações líquidas, mas a África do Sul registou importações líquidas. Nas regiões da antiga União Soviética, países como a Ucrânia e o Cazaquistão registaram exportações líquidas de água virtual, mas a Federação Russa registou importações líquidas.

Chapagain et al. (2005, 2006), esclareceram que 6% da água utilizada na agricultura mundial é poupada através do comércio virtual de água, o que equivale a 28% da soma global do comércio virtual de água em referência ao comércio na agricultura internacional.

A investigação de Hoekstra (2010) revelou que a utilização de água na agricultura é atualmente reduzida em 5% através do comércio internacional de água virtual.

Dalin et al. (2012) introduziram uma análise da evolução, através de uma abordagem de rede, entre 1986 e 2007, do comércio de água virtual a nível mundial. Os seus resultados sustentam o debate de que o comércio mundial de água virtual, no que diz respeito ao comércio internacional de alimentos, dá origem a uma eficiência na utilização da água a nível mundial e, como tal, ajuda a poupar água utilizada a nível mundial, apesar de os padrões do comércio de água virtual, tanto a nível nacional como regional, terem mudado bastante.

Ozkaynak et al. (2012) afirmam que, apesar de se registarem melhorias em termos de eficiência, as captações de água a nível regional e mundial continuam a aumentar em termos irreflectidos devido à combinação do aumento da afluência e do efeito do crescimento da população.

Allen (1998a) revelou que, através da importação de água virtual, foi evitado um conflito armado no Médio Oriente devido à escassez de recursos hídricos. Ele previu que, em 2000, o Norte de África e o Médio Oriente estavam a importar anualmente 50 milhões de toneladas de água virtual.

Shuval (2007) sublinhou que, de 100% do consumo total de alimentos a nível nacional, 80% foram importados do estrangeiro em Israel, enquanto a ingestão calórica de mais de 65% foi importada pelos palestinianos.

El-Sadek (2010) mostrou que as importações líquidas de água virtual do Egito representavam 24% dos seus recursos hídricos disponíveis.

Novo et al. (2009) revelaram que as importações de água virtual de Espanha relacionadas com o comércio de cereais são harmoniosas no que diz respeito à escassez de água, mas o envolvimento das exportações de cereais não coincidiu com a diferença de recursos escassos, pelo que recomendam que outras condições, incluindo especificações de produtos, qualidade e exigências de produtos padronizados, também instiguem o comércio de água virtual.

Os estudos efectuados por Jiang (2009) e Liu et al. (2013) mostraram que, em termos de recursos hídricos per capita, a China é considerada um país com escassez de água e poderá enfrentar uma tendência de aumento da gravidade do desequilíbrio hídrico entre o Norte e o Sul, que são regiões com escassez e abundância de água, respetivamente.

Liu et al. (2007) indicaram que muitas culturas que transformam a água para ter maior valor económico em intensidade hídrica estão em baixa, mas podem ser mais eficientes na poupança de água de rega, mudando assim para culturas de maior valor que podem aumentar os rendimentos dos agricultores sem aumentar o consumo de água da agricultura.

Liu et al. (2007) e Liu et al. (2008) estudaram que o comércio virtual de água na China, sob os efeitos de situações macro e microeconómicas e da variabilidade meteorológica, se desenvolveu de forma despercebida e, com base na sua sugestão, a insegurança alimentar da água virtual e a sustentabilidade da utilização da água poderiam desempenhar um papel significativo de estratégia ativa, devido à liberalização dos mercados de produtos agrícolas da China.

Yang e Zehnder (2001) analisaram a escassez de água na planície do Norte da China e afirmaram que a importação de água virtual deve ser considerada como uma medida suplementar, para além da conservação inteligente da economia e da iniciação de novas fontes de utilização dos recursos hídricos, a fim de atingir a procura bruta de água.

Um estudo efectuado por Yang et al. (2006) revelou que a exportação global de água virtual para o volume total em ligação com as culturas consideradas ascende a 644 Gm^3 /yr. O volume de importação equivalente foi de 981 Gm^3 /yr. A diferença entre importação e exportação foi de 337 Gm^3 /yr. O volume resultante do comércio de alimentos foi a poupança global de água. Por outro lado, se os alimentos importados fossem produzidos internamente nos países que os importaram, seria necessária mais água. O estudo afirma ainda que os principais países exportadores a nível mundial conseguiram poupar água através de reflexos de uma produtividade relativamente mais elevada da água. No entanto, de acordo com o estudo, a América do Sul, a Oceânia e a América do Norte são as regiões de exportação líquida de água virtual. As regiões da África Ocidental e do Norte, da América Central e do Médio Oriente Asiático são as regiões de importação líquida de água virtual e são os principais destinos da água virtual. A investigação mostrou também que os volumes de água virtual diferem muito entre as partes importadoras e exportadoras. Por exemplo, a água virtual da América do Norte de 73 Gm^3 exportada vale 149 Gm^3 de água virtual da Ásia Oriental. Estes valores correspondem a volumes de 55 Gm^3 e 17 Gm^3 respetivamente no Médio Oriente. A única exceção é a importação de água virtual da América do Sul para a Europa Ocidental. O valor da água virtual importada para a Europa Ocidental é superior ao da América do Sul, devido ao facto de a produtividade da água nesta última região ser inferior à da primeira. Os resultados explicam que a importância da poupança de água é limitada a nível nacional devido ao facto de muitos países com recursos hídricos disponíveis (abundantes) serem importadores líquidos. No entanto, clarificaram o efeito negativo dos alimentos geralmente subsidiados e baratos nos preços normais dos alimentos dos principais países exportadores e na produção de alimentos nos países importadores, muito especialmente nos países pobres. Além disso, a intensidade da irrigação é totalmente baixa nos principais países exportadores de alimentos. As áreas irrigadas de produção de alimentos são muito pequenas. A água verde domina o comércio virtual de água a nível mundial. O custo de oportunidade da utilização da água é eficiente no que respeita a esse comércio. Além disso, em parte como resultado de grandes quantidades de pesticidas e fertilizantes químicos, os principais países exportadores têm uma elevada produtividade da água. Os resultados revelaram ainda que o comércio global de alimentos da atualidade é fundamental entre os países que ultrapassam a classificação de países com baixo nível de rendimento do Banco Mundial. Os países com baixo nível de rendimento são os que menos participam no comércio mundial de produtos alimentares. Uma das razões é o baixo rendimento e, consequentemente, a menor capacidade de exploração dos recursos naturais e de investimento agrícola. A limitação dos recursos financeiros também impede os países pobres de optarem pela compra de géneros alimentícios no mercado internacional quando há escassez de alimentos no mercado interno.

Hoekstra e Hung (2002, 2005) estimaram que a produtividade hídrica do trigo é geralmente superior a $1kg/m^3$ para os países de maior exportação na Europa Ocidental e na América do Norte, quando comparada com menos de $0,6kg/m^3$ em muitos países da Ásia Central e de África. A produtividade da água é superior a $1,5\ kg/m^3$ para o milho na Austrália, nos países da UE e nos EUA. Em suma, o valor nos principais países da Ásia Central e de África é inferior a $0,9\ kg/m^3$. Verifica-se que os países pobres possuem produtividades hídricas mais baixas. Esta situação é previsível porque a entrada de material está intimamente relacionada com o nível de produtividade da água, a gestão da água e as práticas agronómicas, tanto a nível da exploração agrícola como a nível regional.

De acordo com Mekonnen e Hoekstra (2011), a produção vegetal da pegada hídrica mundial no período de 1996 a 2005 foi de 7404 Gm^3 /yr (10% cinzento, 12% azul e 78% verde). A cultura com maior quota de volume total foi o trigo, com um consumo de 1087 Gm^3 /ano (11% cinzento, 19% azul e 70% verde). As culturas seguintes em termos de grande volume de pegada hídrica foram o milho, que consumiu 770 Gm^3 /yr e o arroz 992Gm^3 /yr. A pegada hídrica verde média mundial em relação à produção de culturas é de 5771 Gm^3 /ano, dos quais 4701 Gm^3 /ano foram culturas de sequeiro e 1070 Gm^3 /ano culturas de regadio. Além disso, o estudo revelou que, para a maioria das culturas, a contribuição da pegada hídrica verde para o consumo total da pegada hídrica (verde e azul) é superior a 80%. Relativamente às principais culturas, a tamareira tem a menor contribuição de água verde para o consumo total da pegada hídrica, com 43% e 64% de algodão. No entanto, o estudo mostrou ainda que a pegada hídrica azul média global em relação à produção de culturas foi de 899 Gm^3 /yr. 202 Gm^3 /yr arroz, e 204 Gm^3 /yr trigo, sendo que ambos ocupavam 45% da pegada hídrica global de água azul. Em relação à utilização de fertilizantes azotados, a pegada hídrica cinzenta para as culturas consumiu 733 Gm^3 /ano, o arroz 111Gm^3 /ano e o milho 122 Gm^3 /ano, representando em conjunto uma enorme pegada hídrica cinzenta de 56% da pegada hídrica cinzenta total do globo. Além disso, a investigação revelou que a água verde contribuiu com 86,5% da água consumida na produção agrícola global. Os importantes contributos da água verde podem também ser identificados na agricultura de regadio para o consumo total de água. As regiões áridas e semi-áridas são as regiões com a maior quota de pegada de água azul. As localizações das regiões com grande congruência de água azul, por exemplo, a parte ocidental dos EUA, em torno da costa ocidental do Peru-Chile (América do Sul) no Sul da Europa, Norte da Índia e Paquistão, Norte de África, partes da Austrália, Ásia Central, Nordeste da China e Península Arábica. De acordo com os resultados, a pegada hídrica média por tonelada de cultura primária varia significativamente entre culturas e entre áreas de produção. As culturas com uma grande fração de biomassa vegetal ou culturas de elevado rendimento que são geralmente colhidas, a pegada hídrica por tonelada é menor em comparação com as culturas de baixo rendimento ou com uma pequena fração de biomassa vegetal colhida. Quando se considera o produto por tonelada, os produtos com maior pegada hídrica são as especiarias, o cacau, as fibras, as borrachas, o chá, os frutos secos e o tabaco. Além disso, o estudo revelou que, a nível nacional, a pegada hídrica verde mais elevada, por ordem ascendente, foi registada na Indonésia, Brasil, Rússia, EUA, China e Índia. A nível provincial ou estatal (nível subnacional), as pegadas hídricas verdes de maior valor foram determinadas na Índia: Madhya pradesh 60 Gm^3 /yr, Andhra pradesh 61 Gm^3 /yr, Karnataka 65 Gm^3 /yr, Maharashtra $86m^3$ /yr e Uttar pradesh $88Gm^3$ /yr. As pegadas hídricas azuis de maior valor foram determinadas para o Paquistão, EUA, China e Índia. Esses quatro (4) países juntos contribuíram com 58% da pegada hídrica azul total em relação à produção da cultura. Em nível estadual (subnacional), as pegadas hídricas azuis de maior valor foram computadas na Califórnia, nos EUA, 20 Gm^3 /yr, Punjab, no Paquistão, 50 Gm^3 /yr, Madhya pradesh, na Índia, 24 Gm^3 /yr e Uttar pradesh, na Índia, 59 Gm^3 /yr. As pegadas hídricas cinzentas de grandes valores foram obtidas na Índia, nos EUA e na China.

Shiklomanov (1997), afirmou que a utilização de água de regadio para a retirada global de água para fins agrícolas em 1995 foi de 2500 Gm^3 /yr e em 2000 foi de 2600 Gm^3 /yr. Hoekstra e Chapagain, (2006) revelaram que entre 1997 e 2001, a água virtual de cerca de 6,3 Gm^3 /yr foi importada para Marrocos enquanto 1,6 Gm^3 /yr foi exportada. A utilização de água na agricultura em Marrocos é de 37,3 Gm^3 /yr. A importação virtual de água dos cereais foi de 3,0 Gm^3 /yr. As principais fontes de cereais foram os EUA, o Canadá e a França. As segundas maiores importações de água virtual para Marrocos foram as culturas oleaginosas com 1,7 Gm^3 /ano. A maioria das culturas oleaginosas importadas provinha de França, Ucrânia, Brasil, Países Baixos, Argentina e EUA. Os estimulantes e o açúcar, com 0,7 Gm^3 /ano e 0,6 Gm^3 /ano, respetivamente, foram alguns dos produtos agrícolas mais importantes na importação de água virtual de Marrocos. O resultado também indicou que a exportação de água virtual de Marrocos estava especificamente relacionada com as exportações de culturas oleaginosas, com 0,54 Gm^3 /ano, com produtos pecuários a 0,23, cereais a 0,25 e frutos a 0,32. Os principais destinos das exportações marroquinas de água virtual das culturas oleaginosas são a Espanha e a Itália. A Federação Russa e a França são os principais importadores de frutas, enquanto a Líbia é o principal destino dos cereais. As exportações constituem 4% da utilização da água no sector agrícola em Marrocos, enquanto 96% das culturas produzidas são consumidas internamente em Marrocos.

Além disso, os resultados mostraram que com uma população de 28 milhões de pessoas, a pegada hídrica agrícola de Marrocos foi de 42,1 Gm³ /ano, enquanto que com uma população de 16 milhões de pessoas, a pegada hídrica holandesa foi de 9,9 Gm³ /ano. A pegada hídrica externa de Marrocos foi de 6,1 mil milhões de m³ /yr. A dependência hídrica de Marrocos (dependência de recursos hídricos externos) explicada como o rácio de importação para a pegada hídrica total foi de 14%, enquanto a autossuficiência hídrica de Marrocos explicada como o rácio de água doméstica para a pegada hídrica total foi de 86%. As principais importações virtuais de água para Marrocos foram a Argentina, o Canadá, o Brasil, os EUA e a França.

Um estudo efectuado pelo IHE e relatado por Chapagain e Hoekstra (2003) e Hoekstra e Hung (2002, 2003) revelou que, no período de 1995 a 1999, o comércio global de água virtual foi de 1040 Gm³ /ano entre nações, dos quais o comércio internacional relacionado com as culturas constituiu 67%, o comércio de produtos pecuários e gado 23% e o comércio de produtos industriais 10%. A estimativa estava de acordo com o conteúdo de água virtual dos produtos dos países exportadores.

Um estudo efectuado pela Organização das Nações Unidas para a Alimentação e a Agricultura (FAO) e pelo Conselho Mundial da Água (WWC), que Zimmer e Renault (2003) e Renault (2003) relataram, revelou que, no ano 2000, o comércio global de água virtual foi de 1340 Gm³ entre as nações, dos quais o comércio relacionado com produtos vegetais constituiu 60%, o comércio de marisco e peixe 14%, o comércio de produtos animais 13% e o comércio de carne 13%. A estimativa estava de acordo com o conteúdo de água virtual dos produtos dos países importadores.

Oki et al., (2003) revelaram que o comércio global de água virtual relativamente ao ponto de vista dos países exportadores era de 683 Gm³ /yr. O valor estimado foi inferior ao do grupo de investigação IHE e pode talvez ser o resultado de um menor número de produtos considerados por Oki et al. (2003). O comércio global de água virtual em relação ao ponto de vista dos países importadores foi de 1138 Gm³ /yr. Este valor estimado foi menor em comparação com o da pesquisa da FAO-WWC, talvez novamente como resultado de menos considerações de produtos. Os resultados mostraram que a poupança mundial de água resultante do comércio global de alimentos é de 455 Gm^3 /ano. O total mundial de água utilizada nas culturas foi estimado por Rockstrom e Gordon (2001) em 5400 Gm^3 /ano, o que significa que cerca de 8% da água foi poupada. O estudo previu que o conteúdo internacional de água virtual em relação aos fluxos comerciais de alimentos era de 683 Gm^3 /ano nas perspectivas dos países exportadores. A produção de produtos alimentares comercializados nos países importadores ascenderá a 1138 Gm^3 /ano. A poupança global de água é a sua diferença.

O estudo de Ercin, Mekonnen e Hoekstra (2012) mostrou que a produção nacional francesa da pegada hídrica total entre 1996 e 2005 foi de 90 Gm^3 /ano, o que representou 1% da produção mundial da pegada hídrica total. A água verde ocupou a maior parte, com 76% da pegada hídrica, a segunda foi a cinzenta, com 18%, e depois a azul, com 6%.

A produção vegetal abrangeu a maior parte, com 82% da pegada hídrica da produção nacional francesa, seguida das actividades industriais com 8%, do pastoreio com 6%, do abastecimento doméstico de água com 3% e, por último, da produção animal com 1%. Entre as culturas, 47% da pegada hídrica global foi contribuída pelos cereais, 15% pelas culturas forrageiras, 9% pelas culturas oleaginosas, 6% pelos frutos e nozes, que foram os outros grupos significativos de culturas com grande quota-parte na pegada hídrica global. A produção vegetal contribuiu em 50% para a pegada hídrica global da água azul em França. No entanto, a sua investigação indicou que a produção agrícola francesa de pegada hídrica (produção vegetal, abastecimento de água ao gado e pastagem) entre 1996 e 2005 foi de 80 Gm^3 /ano, o que significa 89% da pegada hídrica global de França. A beterraba sacarina 2%, o girassol 4%, as uvas 5%, a colza 7%, a cevada 9%, o milho 14%, as culturas forrageiras 18% e o trigo 29% forneceram em conjunto 88% de toda a pegada hídrica agrícola. Os principais produtos hortícolas com grande pegada hídrica foram as alcachofras, os tomates, a couve-flor, a alface, as cenouras, as cebolas, os espargos e as couves. As uvas têm a maior pegada hídrica entre os frutos.

Capítulo 3

Localização do estudo

3.1 País de estudo

A Nigéria está situada na região da África Ocidental da zona tropical, tem latitudes entre 4^0 N e 14^0 N e longitudes de 2^0 2'E a 14^0 30'E com uma área de 923.770 km^2. A distância de Norte a Sul da Nigéria é de 1 050 km, enquanto a distância óptima de Este a Oeste é de 1 150 km. A Nigéria está rodeada a oeste pelo Benim, a norte e noroeste pelo Níger, a nordeste pelo Chade e a leste pelos Camarões, enquanto o sul da Nigéria faz fronteira com o Oceano Atlântico. O território da Nigéria é constituído por densas florestas húmidas e espessos mangais a sul, e uma situação quase desértica na parte nordeste do país (FAO AQUASTAT, 2005).

A Nigéria é incomparavelmente o país mais populoso do continente africano e o país negro mais populoso do mundo, com uma população de 127 milhões de pessoas em 2004, o que representava cerca de um sétimo da população total de 53 países em África (FAO AQUASTAT, 2005). A Nigéria tem uma população de 140 431 790 habitantes, de acordo com o recenseamento da população e das habitações de 2006 (www.population.gov.ng), dos quais 71 345 488 são homens e 69 086 302 são mulheres. O Estado de Kano tinha a população mais elevada da Nigéria, com 9 401 288 pessoas. Em 2013, a população era de 172 816 500 pessoas, em 2015 estimava-se que seria de 182 202 000 pessoas e em 2016 de 186 987 600 (FAOSTAT, 2015a). De acordo com o relatório das Nações Unidas (2015), a Nigéria ultrapassará os Estados Unidos da América e tornar-se-á o 3rd país mais populoso do mundo até 2050. A Nigéria está dividida em seis zonas geopolíticas, nomeadamente: Nordeste, Noroeste, Centro-Norte, Sudeste, Sudoeste e Sul-Sul. As principais línguas faladas são o Hausa, o Igbo e o Ioruba. A língua oficial é o inglês. As duas principais religiões são o Islão e o Cristianismo. Os nigerianos do Norte são maioritariamente muçulmanos, enquanto os do Sul são predominantemente cristãos. O território da capital federal da Nigéria (F.C.T) é Abuja e está rodeado por 36 estados que formam o país (como mostra a Fig. 1)

Fig. 3.1: Mapa da Nigéria mostrando 36 estados e a capital [Fonte: FAO AQUASTAT, 2005/Nigéria. Acedido a 02-02-2016]

A Nigéria é composta por três zonas ecológicas que são amplamente proeminentes (FAO AQUASTAT, 2005), são elas;

i.   A savana do Sudão no Norte

ii.   A savana da Guiné no Centro, também designada por cintura média iii. A zona da floresta tropical no Sul.

Devido à diferença de temperatura e pluviosidade, as zonas agro-ecológicas na Nigéria estão agrupadas em oito (8) de acordo com FAO AQUASTAT (2005) como mostra a Tabela 1 abaixo;

Tabela 3.1: Zonas agro-ecológicas na Nigéria

Descrição da zona	Percentagem da área do país	Precipitação anual	Temperatura mensal		
			Mínimo	Normal	Máximo
	(%)	(mm)	(^{0} C)	(^{0} C)	(^{0} C)

23

Semi-árido	4	400 - 600	13	32 -33	40
Seco sub-húmido	27	600 - 1000	12	21 -31	49
Sub-húmido	26	1000 - 1300	14	23 - 30	37
Húmido	21	1100 - 1400	18	26 - 30	37
Muito húmido	14	1120 - 2000	21	24 - 28	37
Ultra húmido (Inundação)	2	> 2000	23	25 - 28	33
Montanhoso	4	1400 - 2000	5	14 - 29	32
Planalto	2	1400 - 1500	14	20 - 24	36

[Fonte: AQUASTAT 2005 da FAO, acesso em 15 de abril de 2016.]

Nalgumas regiões da Nigéria, sobretudo nas regiões do norte, a precipitação anual é insuficiente. No entanto, em muitas outras áreas, a dependência da baixa precipitação, a distribuição espacial e temporal são os principais problemas. A precipitação média anual da Nigéria como um todo foi de 1.150 mm. Cerca de 1.000mm e 500mm de precipitação média anual no Centro e no Nordeste do país, respetivamente. A evaporação média anual é de 2.450 mm, 2.620 mm e 5.220 mm no sudeste, centro e norte da Nigéria, respetivamente. A área total de cultivo representa 66% da área total de terra da Nigéria, que foi estimada em 61 milhões de ha. Em 2002, a área cultivada era de 33 milhões de hectares, com 30,2 milhões de hectares de terras aráveis e 2,8 milhões de hectares de culturas permanentes. A parte Norte tem a maior parte da área cultivada, que é cerca de dois terços, e um terço está distribuído igualmente entre a cintura Sul e Média e a Central (FAO AQUASTAT, 2005).

3.1.1A economia da Nigéria

A Nigéria depende enormemente das receitas do petróleo para a sua economia, que representa cerca de 70% das receitas obtidas pelo governo e 90% das exportações totais da Nigéria. Em 2003, o PIB da Nigéria foi estimado em 50,2 mil milhões de dólares. Em 2002, o sector agrícola contribuiu com 37,4% do PIB, sendo que o sector dos pequenos agricultores detém a maior parte da produção agrícola, com cerca de 90%. O sector agrícola ocupa economicamente 30% da população ativa e as mulheres constituem 38% dos trabalhadores agrícolas (FAO AQUASTAT, 2005).

3.1.2Agricultura e segurança alimentar

A Nigéria encontra-se entre os países listados pela FAO como tecnicamente incapazes de satisfazer a procura de alimentos através da produção de culturas de sequeiro ao nível dos rendimentos. Esta previsão pode provavelmente ser mantida a um nível médio de insumos num determinado período de tempo entre 2000 e 2025. O sistema de agricultura na Nigéria baseia-se em grande parte em pequenos agricultores, e as explorações agrícolas são rápidas. É adoptada uma tecnologia inexperiente com poucos factores de produção, o que resulta numa baixa produtividade do trabalho. A dimensão média das explorações agrícolas é de 0,5 ha na parte sul, onde a pluviosidade é elevada, e de 4 ha na parte norte (norte seco).

As actividades de diversificação da produção vegetal são possíveis devido às vastas zonas agro-ecológicas da Nigéria (FAO AQUASTAT, 2005), que são;

• A savana setentrional (savana seca setentrional) é propícia ao algodão, amendoim, milho, sorgo e painço. O painço e o sorgo são as culturas mais importantes.

• Na faixa Sul e Média, a maioria das culturas cultivadas são o milho, o plátano, o sorgo, a mandioca e o inhame.

• As principais culturas de rendimento do Sul incluem a borracha, o cacau e o óleo de palma.

• As zonas sazonalmente inundadas e de baixa altitude produzem principalmente arroz.

3.1.3 Recursos hídricos

A Nigéria tem riachos e rios numa rede fechada que é bem drenada, alguns dos quais são sazonais, especialmente os do Norte que são mais pequenos. De um modo geral, a Nigéria é composta por quatro bacias hidrográficas principais, que são;

■ **A Bacia do Níger:** tem 584.193 km^3 de área, o que corresponde a 63% de toda a área da Nigéria. Passa por uma grande área do centro e noroeste da Nigéria. Os rios mais importantes desta bacia são o Níger e os rios menores Kaduna, Benue e Sokoto.

■ **A Bacia do Lago Chade:** está localizada no nordeste da Nigéria, com 179.282 km de área^2 , o que representa 20% de toda a área do país. Esta é a única bacia de drenagem interna da Nigéria, com os rios Komadougou de Yobe e os menores Hadejia, Komadougou Gena e Jama'are.

- **As Bacias Litorais do Sudoeste:** Possuíam $101.802km^2$ de área, o que representava 11% de toda a área do país. A origem dos rios são zonas montanhosas a oeste do rio Níger, a sul.

- **As Bacias Litorais do Sudeste:** Os rios Imo e Cross são os principais cursos de água desta bacia, com 58.493 km de $área^2$, o que representa 6% de toda a área do país. As áreas de montanha e planalto são as principais fontes de escoamento desta bacia adjacente à fronteira dos Camarões (FAO AQUASTAT, 2005).

A Nigéria possui recursos hídricos subterrâneos abrangentes, situados nas oito (8) principais localizações hidrológicas em sucessão com aquíferos subterrâneos locais rasos de Fadama (aluviais) perto dos rios principais (FAO AQUASTAT, 2005);

- A zona da Bacia de Sokoto: Consiste em rochas sedimentares do noroeste da Nigéria. Têm rendimentos entre menos de 1,0 e 5,0l/s.

- A Zona da Bacia do Chade: consiste em rochas sedimentares. Três aquíferos diferentes estão presentes nesta zona; os aquíferos inferior, médio e superior. Os rendimentos do furo no aquífero médio são de 1,5 a 2,1l/s e no aquífero superior não confinado são de 1,2 a 1,6l/s.

- A zona da Bacia do Médio Níger: consiste em aquíferos de arenito que produzem de 7,5 a 37,0l/s.

- A zona da bacia do Benue: Na Nigéria, esta bacia é a menos utilizada, estendendo-se pela fronteira dos Camarões e ligada à junção Níger-Benue. Os aquíferos de arenito no local vão de 1,0 a 8,0l/s.

- A Zona do Sudoeste: Consiste em rochas sedimentares delimitadas por aluviões costeiros a sul e Complexo Basáltico a norte.

- A Zona Centro-Sul: compreende sedimentos terciários centrados e cretácicos no Delta do Níger. Os rendimentos variam entre 3.0 e 7.0l/s.

■   A zona do sudeste: Consiste em sedimentos cretáceos na bacia do rio Cross e na bacia de Anambra. Devido aos recursos suficientes de água de superfície, os furos são em número reduzido.

■   A Zona do Complexo Basáltico: Envolve mais de 60% da área do país. Possui rochas de baixa permeabilidade e manto intemperizado com zonas de fratura é onde há ocorrência de água subterrânea, que tem rendimento de 1,0 até 2,0l/s.

No corredor semi-árido do Sahel, a zona húmida mais importante é o Lago Chade. Com uma profundidade média de 3,9 m, tem uma área de superfície altamente flutuante, começando em 1907 com um mínimo de 2 000 km^2 até um máximo de 22 000 km^2 em 1961.

Na estação das chuvas, as áreas inundadas de baixa altitude, também chamadas de áreas de Fadama, estão espalhadas pelas zonas ecológicas do Sahel, Savana do Sudão e Savana da Guiné. Estas zonas húmidas diversificadas são essenciais para os usos municipais da agricultura e para o pastoreio, e têm um valor internacional como terreno de procriação para as aves migratórias, pelo que possuem uma biodiversidade de importância global (FAO AQUASTAT, 2005).

Os recursos hídricos totais renováveis anuais da Nigéria foram estimados em 286,2 km^3 . Os recursos anuais produzidos, a nível internacional, foram de 221 km^3 , que incluem águas superficiais de 214 km^3 e águas subterrâneas de 87 km^3 , sendo que dos 87 km^3 , 80 km^3 foram previstos como uma sobreposição entre águas subterrâneas e águas superficiais. 65,2 km^3 /ano de recursos hídricos externos são concentrados numa fonte de água superficial do Benim, dos Camarões e do Níger. 80% dos recursos utilizados de águas superficiais são considerados caudal natural, que contém cerca de 96km^3 /ano. Os recursos anuais de águas subterrâneas extraíveis são de cerca de 59,51 km^3 , divididos em: 10,27 km^3 Norte, 25,48 km^3 Cintura média e 23,76 km^3 Sul. 45.6km^3 é a capacidade prevista da barragem.

3.1.3.1 Questões internacionais relacionadas com a água

A Nigéria tem sido membro da gestão dos recursos hídricos por duas autoridades regionais da água, que são;

• A Autoridade da Bacia do Níger (NBA): Foi fundada em 1964. Tem nove (9) países membros que estão envolvidos na Bacia do Níger. Os países são: Camarões, Níger, Chade, Benim, Argélia, Burkina-Faso, Mali, Costa do Marfim e Guiné. A autoridade é responsável por assegurar o desenvolvimento harmonioso da bacia.

• A Comissão da Bacia do Lago Chade (CCLC): Envolve representantes da Nigéria, da República Centro-Africana, do Níger, dos Camarões e do Chade. O seu objetivo é garantir que o desenvolvimento dos recursos naturais que envolvem a água na região do Lago Chade seja imparcial e impessoal.

No entanto, a Nigéria e o Níger assinaram um acordo em 1990, através do qual foi criada uma comissão conjunta para supervisionar e avaliar o desenvolvimento dos recursos hídricos, em particular, nas principais sub-bacias semelhantes aos países. Além disso, a implementação do acordo ainda não foi efectiva.

3.1.3.2 Utilização da água

O total de água retirada anualmente no ano 2000 foi de aproximadamente 8 km^3 . A agricultura foi a maior em termos de utilização de água, com 5,5 km^3 , representando 69% da retirada total de água, seguida dos municípios, com 1,7 km^3 , representando 21% e, por último, a indústria, com 0,8 km^3 , representando 10%.

3.1.4 Irrigação e drenagem

3.1.4.1 Evolução do desenvolvimento da irrigação

As estimativas do potencial de irrigação na Nigéria variam entre 1,5 e 3,2 milhões de hectares. As estimativas mais recentes apontam para um total de quase 2,1 milhões de hectares, dos quais cerca de 1,6 milhões são de águas superficiais e 0,5 milhões de águas subterrâneas. Além disso, no que diz respeito às águas subterrâneas, na Nigéria, 0,5 milhões de ha são suficientes para a extração de recursos hídricos.

Quadro 3.2: Áreas suficientemente boas para irrigação através da utilização de águas superficiais, enquanto que para as águas subterrâneas ainda está por verificar.

Zona	Terras altas	Vales fluviais	Interior	Pântanos do	Total

			pântanos	delta		
	(ha)	(ha)	(ha)	(ha)	(ha)	(%)
Norte	343,000	578,500	154,100	-	1,075,600	68
Cintura Média	82,000	28,000	28,000	-	138,000	9
Sul	180,000	11,000	93,400	78,000	362,400	23
Total (ha)	605,000	617,500	275,500	78	1,576,000	100
%	38	39	18	5	100	

[Fonte: AQUASTAT 2005 da FAO, acesso em 15 de abril de 2016.]

Durante o florescimento do petróleo na década de 1970, foi lançado um programa de investimento principalmente para apoiar a irrigação pública. As circunstâncias da Nigéria no que respeita à irrigação pública referem-se a práticas efectuadas quer pelos estados quer pelas RBDA (River Basin Development Authorities), como se pode ver na Fig. 3.2 abaixo. O programa consiste na construção de grandes barragens e também de estações de bombagem, especificamente nas zonas secas do norte da Nigéria. Um total de 162 barragens foram construídas até 1990, a capacidade total de armazenamento das barragens, se desenvolvida, será capaz de irrigar 725.000 ha. No entanto, muitas das barragens foram construídas com poucas ou nenhumas infra-estruturas, e os locais escolhidos não têm sempre áreas irrigáveis próximas. As práticas desenvolvidas não foram totalmente implementadas em produção, mas sim actualizadas com infra-estruturas desadequadas. Apenas cerca de 20% da área programada do sector público de rega foi desenvolvida. No entanto, apenas 32% da área desenvolvida foi irrigada.

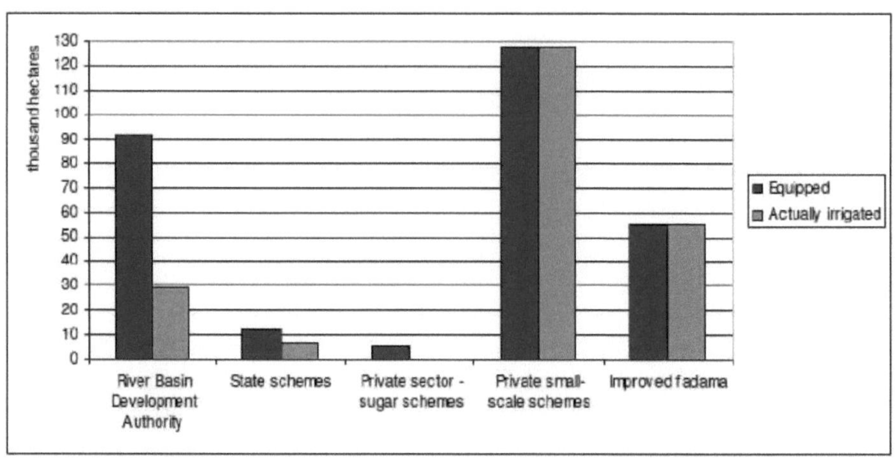

Fig 3.2: Estrutura do subsector da irrigação na Nigéria em 2004. [Fonte: FAO AQUASTAT, 2005. Acedido a 02-02-2016]

3.1.4.2 O papel da irrigação na produção agrícola, na economia e na sociedade

Dado que menos de 1% da superfície cultivada foi irrigada, a contribuição da agricultura de regadio é pequena em relação à produção total de culturas. O efeito da irrigação é sentido apenas por algumas culturas individuais específicas, incluindo a cana-de-açúcar, o trigo e, por vezes, os legumes e o arroz. Na época de 2003 - 2004, a produção de cereais irrigados representou 0,9% da produção total de cereais e a produção irrigada de produtos hortícolas representou 2,3% da produção total de produtos hortícolas. Em 1999, o milho, o trigo, a cana-de-açúcar e os legumes eram as principais culturas irrigadas na Nigéria (como na Fig. 3.3). Outras culturas irrigadas foram a batata, o arroz, a castanha de caju, os citrinos, o feijão-frade, a borracha, o algodão, o óleo de palma e o taro (FAO AQUASTAT, 2005).

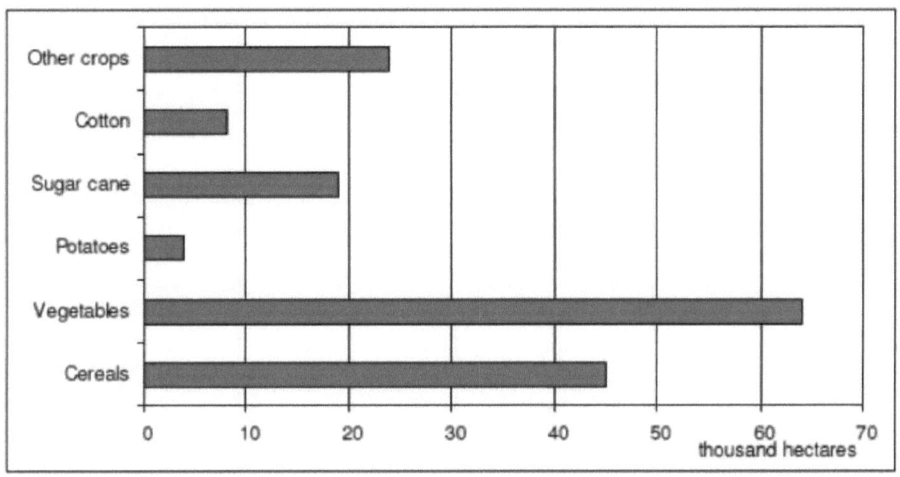

Fig.3.3: Principais culturas irrigadas em sistemas equipados em 1999 [Fonte: FAO AQUASTAT, 2005. Acedido em 02-02-2016]

3.2 Região de estudo

A região semi-árida cobria uma grande parte do Norte da Nigéria e inclui as regiões bioclimáticas da savana do Sahel e do Sudão. O clima era dominado pela chuva, pelas massas de ar secas, tropicais continentais do nordeste e tropicais marítimas do sudoeste (Tarhule e Woo, 1998). Descontinuidade de humidade chamada Descontinuidade Intertropical de uma zona quase frontal formada pelo encontro das massas de ar que se deslocaram sobre a África Ocidental em reação à intensidade relativa do sistema Santa Helena e do sistema Açores-Líbia para a pressão tropical (Anyadike, 1993). A estação chuvosa começa a qualquer momento, sempre que a descontinência intertropical migra para além da fronteira norte, enquanto recua no final para sul. De junho a setembro, a descontinência intertropical invade o Norte e o Norte da Nigéria é subsequentemente influenciado pela tropical marítima.

As zonas de aridez na Nigéria são categorizadas em quatro (como na Fig.3.4): são elas;

- Húmido

- Sub-húmido húmido

- Seco sub-húmido e

31

- Semi-árido

Entre as quatro zonas, a zona semi-árida é a que regista a maior taxa de escassez de água. Por conseguinte, esta investigação foi efectuada na zona semi-árida da parte norte da Nigéria.

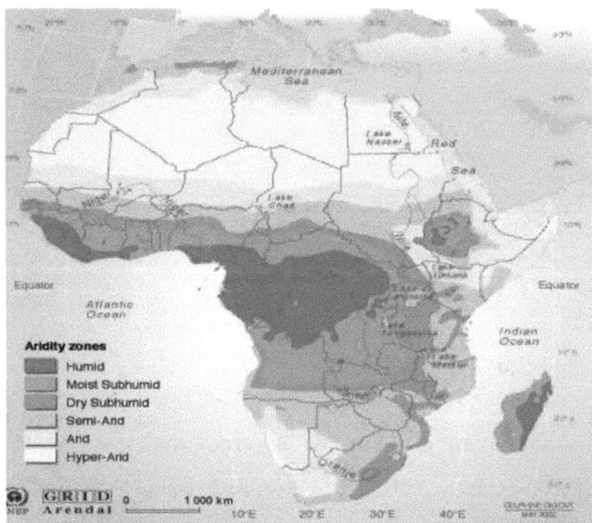

Fig. 3.4: Zonas de aridez em África

[Fonte: Organização Meteorológica Mundial (OMM), Programa das Nações Unidas para o Meio Ambiente (PNUMA), mudanças climáticas 2001. Acedido em 23-02-2016]

A zona semi-árida tem 7 regiões. São elas: Gusau, Kano, Katsina, Maiduguri, Nguru, Potiskum e Sokoto.

Em cada uma das regiões, foram selecionadas 25 culturas. As culturas são: Banana 1, Banana 2, Cevada, Feijão seco, Feijão verde, Couve, Citrinos, Tâmaras, Amendoim, Milho, Manga, Milheto, Pimento, Batata, Leguminosas, Arroz, Sorgo, Soja, Cana-de-açúcar, Beterraba sacarina, Tabaco, Tomate, Legumes frescos, Trigo de primavera e Trigo de inverno. Foram agrupadas em: cereais, produtos hortícolas, frutos e nozes, culturas oleaginosas e outras culturas.

3.3 Culturas utilizadas no estudo

3.3.1 Antecedentes

A Nigéria está situada na região da África Ocidental da zona tropical, tem latitudes entre 4^0 N e 14^0 N e longitudes de 2^0 2'E a 14^0 30'E com uma área de 923.770 km^2 . A distância de Norte a Sul da Nigéria é de 1.050 km, enquanto a distância óptima de Este a Oeste é de 1.150 km (FAO AQUASTAT, 2005). Devido à diversificação das condições agro-ecológicas na Nigéria, é possível a produção agrícola num âmbito alargado. Assim, a agricultura é um dos sectores mais importantes da economia da Nigéria. A agricultura contribui para as receitas de exportação, a criação de emprego e o PIB (produto interno bruto) da Nigéria.

No entanto, apesar dos enormes recursos agrícolas da Nigéria, a taxa de crescimento agrícola é muito baixa. A área de terra cultivada é inferior a 50% da terra cultivável da agricultura do país. Além disso, a maior parte da produção agrícola é efectuada por agricultores tradicionais e pequenos agricultores que utilizam ferramentas locais e pouco sofisticadas, o que resulta num baixo rendimento (Manyong et al., 2005).

São escolhidas 25 culturas e as informações relacionadas e os resultados obtidos são apresentados nos apêndices 1, 2, 3, 4, 5, 6 e 7 para cada região da zona semi-árida.

3.3.2 Culturas cerealíferas

3.3.2.1 Trigo

A seguir ao arroz, o trigo é a única fonte de alimentos mais essencial para os países em desenvolvimento. A contribuição em calorias para a dieta de todos os outros cereais juntos é inferior à do trigo. Tem um teor de proteínas superior ao de praticamente todos os outros cereais. Dentro do trigo, é possível clarificar entre o trigo panificável e o trigo duro, do mesmo modo que entre o trigo de primavera e o trigo facultativo entre os invernos. A produção de trigo dos países em vias de desenvolvimento é de 5% de trigo duro, enquanto o Norte de África - Ásia Ocidental cresceu 70% (FAO, 1994).

Em 1989, a produção mundial de trigo representava 42% dos países em desenvolvimento, com cerca de 538 milhões de toneladas, e a superfície mundial de trigo era de 226 milhões de hectares, ou seja, 44%. O mundo em desenvolvimento contribuiu com 70% do aumento da produção de trigo na década de 1980 e 50% na década de 1970. A Ásia fornece 71% da produção de trigo do mundo em desenvolvimento em 1989, a África Subsariana 2%, as Caraíbas e a América Latina 10% e o Norte de África - Ásia Ocidental 17%. Na região do Norte de África - Ásia Ocidental, em termos de fornecimento de calorias, o trigo é o mais benéfico (FAO, 1994).

A produção de trigo nos países em desenvolvimento aumentou 5% por ano nos anos 70, mas nos anos 80 aumentou 4,3%. Os cinco (5) maiores produtores de trigo do mundo, por ordem ascendente: Argentina, Paquistão, Turquia, Índia e China, aumentaram anualmente a produção média de trigo em 5,4% durante a década de 1970 e em 4,3% durante a década de 1980 (FAO, 1994).

3.3.2.2 Arroz

O arroz é considerado uma cultura essencial no mundo, no que respeita à sua utilidade para o valor da produção e para a alimentação. Em 1989, dos 147 milhões de hectares colhidos em todo o mundo, os países em desenvolvimento produziram mais de 142 milhões de hectares, nos quais foi produzido arroz em casca de mais de 460 milhões de toneladas. O principal produtor foi a Ásia, que produziu 91% da produção dos países em desenvolvimento. As Caraíbas e a América Latina produziram 4%, o Norte de África - Ásia Ocidental 3% e 2% da África Subsariana. Cerca de 2,7 mil milhões de pessoas na Ásia consumiram calorias fornecidas pelo arroz entre 60% e 35%, e mil milhões de pessoas nas Caraíbas, América Latina e África Subsariana 8% de energia alimentar. A nível mundial, o comércio de arroz representa apenas 4% do mercado internacional. Muitos países dependem da produção interna de arroz para satisfazer a procura dos seus países. Algumas medidas de proteção e subsídios determinam em grande medida a estrutura de preços dos mercados internacionais. O consumo per capita de arroz na África Ocidental multiplicou-se nas últimas décadas, enquanto na América Latina aumentou cerca de 25% (FAO, 1992).

As fases de crescimento do arroz foram classificadas em duas, nomeadamente: fase vegetativa e fase reprodutiva. Período de viveiro: tem uma duração aproximada de 25 a 30 dias, desde a sementeira até ao transplante. Fase vegetativa: tem uma duração entre 45 e 90 dias, desde o transplante até ao início da panícula. Fase de meia estação: tem uma duração aproximada de 30 dias entre a iniciação das panículas e a floração. Esta última fase compreende o alongamento do caule, a extensão da panícula e, por último, a floração. A fase tardia, também designada por fase de maturação: tem uma duração aproximada de 30 dias e é o período em que se atinge a maturidade total a partir da floração. O número cumulativo de folhas (CLN) também foi introduzido por Counce et al., (2000) para clarificar o crescimento do arroz. Com base no método, a fase de crescimento do arroz foi separada em três fases, nomeadamente: a fase de plântula, a fase vegetativa e a fase reprodutiva.

3.3.2.3 Milho

O 10th maior produtor de milho do mundo é a Nigéria e é o maior país produtor de milho em toda a África, com a África do Sul em segundo lugar (FAO, 2003). As variedades de milho branco e amarelo são cultivadas em todo o país, sendo o Centro-Norte da Nigéria a maior área produtora. Os pequenos agricultores constituem 70%, com uma área média de 5 ha de terras de produção cultivadas que representam 90% da soma agregada dos factores de produção agrícola (Cadoni e Angelucci, 2013). O milho é uma cultura alimentar predominante que tem um impacto positivo no desenvolvimento socioeconómico da África Subsariana, tendo a Nigéria, inclusive, uma produção per capita de 40 kg/ano (FAOSTAT, 1997). A cultura intercalar é normalmente o principal padrão de cultivo do milho na Nigéria, com soja, milho-da-índia, inhame, amendoim, feijão-frade e mandioca.

De acordo com o Gabinete Nacional de Estatísticas da Nigéria (2005/2006), o principal estado produtor de milho é Kaduna. Quando os números são analisados anualmente, 31% da produção média de milho na Nigéria provém da zona centro-norte. Entre 2006 e 2007, 58% em 2008 e 44% em 2009.

Em média, o milho é o 5th maior produto agrícola produzido na Nigéria entre 2005 e 2010 e, em termos de quantidade, a 3rd maior cultura produzida entre 2009 e 2010, a seguir à mandioca e ao inhame. A maior parte da produção de milho foi direcionada para os mercados nacionais, uma vez que a exportação formal da produção de milho tem uma proporção insignificante (FAOSTAT, 2012). Além disso, embora a quantidade detalhada não possa ser determinada, os países vizinhos estavam envolvidos no comércio informal.

3.3.2.4 painço

Na África Subsariana e na Ásia, uma cultura essencial é o milheto nas zonas de planície tropicais, semi-áridas e subtropicais de precipitação estival, juntamente com o sorgo (sobretudo na África Subsariana) ou o trigo (sobretudo na Ásia), que são considerados alimentos básicos. As pessoas e os países mais pobres estão entre os beneficiários ou consumidores de painço. O painço pode crescer em condições desfavoráveis ou muito secas para o sorgo, e tem uma palha valiosa que é utilizada como alimento para o gado (FAO, 1992).

Uma vez que as estatísticas são combinadas para o painço e o sorgo em muitos países, os dados são por vezes sobredeclarados para o painço, mais especificamente os dados da África Subsariana. Observa-se que a cultura colhida nos países em desenvolvimento corresponde a cerca de 40 milhões de hectares, dos quais cerca de 45% provêm da Índia e 32% da África Ocidental. A zona do Sahel em África utiliza o painço como principal cereal de base. Nas regiões semi-áridas da África Ocidental, o painço é responsável por cerca de metade da ingestão diária de calorias, e também por cerca de um terço das proteínas (FAO, 1992).

A FAO (2002a) sugere que devem ser intensificados os esforços para aumentar o nível de milho miúdo num curto período de tempo, tendo em maior consideração as necessidades da África Subsariana. A sugestão estava de acordo com a importância da cultura para satisfazer a procura das pessoas pobres na Índia e na África Subsariana, com base na realidade de que as pessoas que vivem nos trópicos das áreas semi-áridas mais secas dependem em grande parte do painço para a sua sobrevivência, sendo necessárias práticas de gestão da cultura e uma melhoria contínua no desenvolvimento de variedades (FAO, 1992).

3.3.2.5 Sorgo

O sorgo contribui com 1,6% do PIB mundial total e 5,4% do PIB do sector agrícola, sendo o 6th produto essencial mais elevado do mundo, depois do milho, arroz, frutos, inhame e mandioca (IFPRI, 2010).

A Nigéria é, sem dúvida, o maior produtor de sorgo na África Ocidental, fornecendo cerca de 71% da soma agregada da produção regional de sorgo (Ogbonna, 2011). A produção de sorgo na Nigéria também representa 35% da sua produção (de sorgo) no ano de 2007. Depois dos Estados Unidos e da Índia, a Nigéria é o 3rd maior produtor de sorgo do mundo (FAOSTAT, 2012). Além disso, 90% das produções de sorgo da Índia e dos Estados Unidos destinam-se à alimentação animal, pelo que a Nigéria se tornou o principal país produtor mundial de sorgo para culturas alimentares.

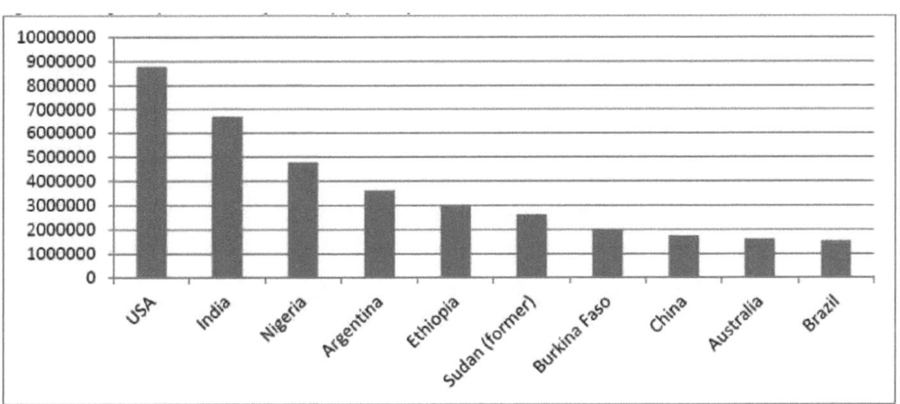

Fig.3.5: Produção do país de sorgo (toneladas), 2012.

[Fonte: FAOSTAT, 2012, acesso em 12/03/2016].

O sorgo é a 3rd maior cultura de cereais na Nigéria no que respeita à produção, atrás do milho e do painço (FAOSTAT, 2012). O sorgo representou 25% de toda a produção de cereais em 2010, tendo sido colhidas mais de 4,5 milhões de toneladas (FAOSTAT, 2012). Em quase todo o norte da Nigéria, o sorgo é considerado a principal cultura alimentar (USAID, 2009).

3.3.2.6 Cevada

A cevada é uma cultura de maturação atempada e de estação curta, é uma das famílias de cereais mais cultivadas e pode crescer em diferentes condições climáticas, incluindo em zonas subtropicais e subárcticas. Um clima moderado é o clima perfeito para a cevada (não é um clima de congelação ou de sobreaquecimento). A cevada adapta-se a diferentes variedades de solo, por exemplo, quando comparada com o trigo, a cevada é menos suscetível à secura e a terras miseráveis (FAOSTAT, 2009).

A cevada é plantada principalmente entre meados de setembro e outubro, no caso da cevada de inverno, e entre março e abril, no caso da cevada de primavera. A densidade da cultura varia entre 180 e 200 mm/m² durante o período de plantação, mas isto, no entanto, está sujeito ao padrão de cultivo e à cultura a que se destina. Entretanto, as diferentes épocas de plantação e variedades de culturas determinam o enorme período de crescimento da cevada. O ciclo de desenvolvimento das variedades de inverno é conseguido através de uma temperatura colectiva de 1900 a 20000C, no entanto, as variedades de primavera exigem menos, com 1500 - 1700⁰ C. O final de junho a meados de julho é o período de colheita da cevada de inverno, enquanto a cevada de primavera é em agosto (FAOSTAT, 2009).

O FAOSTAT (2009) indicou que o rendimento global médio da cevada é de 2,4 toneladas/ha. Além disso, acredita-se que o rendimento da cevada varia entre 0,8 e 7,5 toneladas/ha com base na variedade, clima, tecnologia, etc.

3.3.3 Legumes

3.3.3.1 Tomates

Depois da batata, o tomate é a segunda cultura hortícola mais importante. Atualmente, a produção mundial de tomate é de cerca de 100 milhões de toneladas, em terras cultivadas de 3,7 milhões de hectares (FAO, 2001b).

A cultura do tomate, que está a crescer rapidamente, tem um período de crescimento entre 90 e 150 dias. A cultura é uma planta neutra durante todo o dia. A temperatura média diária máxima para o desenvolvimento situa-se entre 18 e 25⁰ C e a temperatura nocturna entre 10 e 20⁰ C. Se a temperatura for mais elevada entre a noite e o dia, o rendimento é afetado negativamente. O tomate é muito sensível à geada. O rendimento diminui quando o vento forte e a humidade elevada são acompanhados por uma temperatura superior a 25⁰ C. O tomate pode crescer em diferentes variedades de solo, mas de preferência num solo argiloso brilhante e bem drenado com um valor de PH de 5 a 7 (FAO, 2001b).

3.3.3.2 Couve

A couve é originária da costa ocidental e meridional da Europa. A produção global anual de couves é de cerca de 55 milhões de toneladas, numa área cultivada de 2,6 milhões de hectares (FAO, 2001c). Para uma produção óptima, a couve necessita de um clima húmido e fresco. Os períodos de crescimento variam entre 90 e 200 dias, mas dependem da data de plantação, da variedade e do clima. Para uma melhor produção, o período de crescimento da couve situa-se entre 120 e 140 dias. De um modo geral, o solo mais adequado para a produção de couves é o argiloso, mas, de preferência, o solo franco-arenoso em condições de precipitação intensa, devido à melhoria da drenagem.

3.3.3.3 Frescura dos legumes

Nos países em desenvolvimento, cultivam-se muitos produtos hortícolas e as variedades diferem muito de um local para outro, com um elevado favoritismo social a controlar a escolha das espécies utilizadas. Os produtos hortícolas são uma valiosa fonte de rendimento para os produtores próximos das grandes áreas urbanas. Sendo um grupo, os legumes são adequados para operações em pequena escala devido à disponibilidade de armazenamento a frio, transporte e melhores infra-estruturas. Os produtos hortícolas são preferidos por todos os grupos de rendimento como alimentos suplementares, prevendo-se um aumento da procura nos países em desenvolvimento de 3,4% por ano durante toda a década de 1990 (FAO, 2001a).

Da produção total de 252 milhões de toneladas nos países em desenvolvimento, a África Subsariana fornece 4%, as Caraíbas e a América Latina 8%, o Norte de África - Ásia Ocidental 18% e a Ásia 70%. A produção de legumes registou um aumento de 3,2% em relação às duas décadas anteriores. Os quatro produtos hortícolas que têm maior importância no que diz respeito à área colhida nas regiões em desenvolvimento, por ordem ascendente, são: couve 0,8 milhões de hectares, pimentos 0,9 milhões de hectares, cebola 1,3 milhões de hectares e tomate 1,6 milhões de hectares (FAO, 2001a).

A inclusão da iniciativa dos produtos hortícolas no sistema do CGIAR permitiria completar a carteira de produtos no que respeita à nutrição. As principais limitações são as pragas de insectos e as doenças, e há mais espaço disponível para a melhoria das variedades. Entre as limitações também estão as patéticas facilidades de comercialização devido à destruição de vários vegetais. Um aumento razoável da produção pode resultar em encargos temporários, e várias áreas requerem investigação principal para prolongar o período de produção (FAO, 2001a).

3.3.3.4 Batata

A produção de batata começou na América do Sul, nas zonas tropicais de altitude. Foi trazida para a Europa no final do século XVIth . A batata foi inicialmente produzida como uma cultura de clima temperado e, posteriormente, partilhada por todo o mundo, principalmente devido à expansão dos países europeus através da colonização. As variedades de batata com maturação tardia das zonas temperadas cresceram principalmente em altitudes elevadas dos trópicos (1200 m e mais), descendo para regiões de estações frias ao nível do mar. Atualmente, a batata é reconhecida como uma cultura essencial em diferentes climas, bem como as variedades que toleram temperaturas elevadas (FAO, 1994).

A batata nas regiões tropicais é cultivada, na sua maioria, cerca de quatro (4) meses após a plantação e, por conseguinte, dá origem a um rendimento elevado em comparação com as regiões de clima temperado, onde a estação de crescimento da cultura principal avança para seis (6) meses. Deve-se permitir que a cultura principal de batatas amadureça completamente antes da colheita, que deve ser cerca de duas (2) semanas após a morte dos topos, durante as quais a pele do tubérculo teria sido bem definida e menos suscetível a danos durante a colheita. As batatas colhidas precocemente, na fase de imaturidade que antecede a formação da pele, são vulneráveis a danos e não podem ser armazenadas por períodos mais longos (FAO, 1994).

3.3.4 Frutos e nozes

3.3.4.1 Banana

O comércio mundial de bananas atingiu um novo patamar em 2013, devido à plena oferta, em virtude da recuperação da produção nas principais zonas produtoras de bananas e da maior procura nos principais mercados. Consequentemente, as exportações de banana ultrapassaram os 17 milhões de toneladas, o que representou mais 6,1% do que o seu nível de exportações em 2012 e marcou o terceiro ano consecutivo de aumento das exportações de banana (FAO, 2015a). A força motriz para este aumento são as Caraíbas e a América Latina, onde cerca de 829.000 toneladas cresceram em 2013, representando 6,6%. O Equador é o maior exportador mundial de banana, foi afetado por alguns problemas nas exportações em resultado das cheias de 2012, mas recuperou em 2013 ao fornecer 5,3 milhões de toneladas de banana aos mercados mundiais. Com base em informações de fontes da indústria equatoriana, as condições meteorológicas destrutivas em muitos países produtores que envolvem a Colômbia foram as principais razões pelas quais as empresas concentram as suas importações do Equador. Em 2013, as exportações da Colômbia registaram uma quebra de 10,5%, ou seja, cerca de 1,6 milhões de toneladas, o que representa a menor quantidade desde 2006 (FAO, 2015b).

A Federação Russa, os Estados Unidos e a União Europeia foram os três maiores importadores de banana do mundo. Todos os três aumentam o crescimento das importações em 2013 com 5,3, 7,6 e 7,0%, respetivamente. À medida que a procura de consumo aumenta, os Estados Unidos agarraram 4,4 milhões de toneladas enquanto a União Europeia importa 4,8 milhões de toneladas (FAO, 2015b).

3.3.4.2 . Manga

A manga é um fruto com maior importância económica na família da hera venenosa ou do caju. O pistácio e o caju são outros membros da família de grande importância. A seguir à banana, a manga é o 2nd género alimentício mais importante para os habitantes das regiões tropicais (FAO, 2002a). Cerca de 150 cultivares de mangas são produzidas em todo o mundo. As áreas de produção de manga estão divididas em 6 regiões, que são

- Flórida (EUA), América Central e México.

- Ilhas das Caraíbas (Índias Ocidentais)

- Península Arábica/África

- Pacífico/Indonésia/Indochina (China)

- América do Sul

- subcontinente indiano

Fig.3.6: Zonas de produção de manga no mundo.

[Fonte: FAO, 2002 acedido em 21-03-2016]

3.3.4.3 Citrinos

As variedades de citrinos têm um hábito de crescimento perene. As principais espécies de citrinos cultivadas são a lima, os citrinos (Shaddock), os citrinos (cidra), os citrinos (laranja de Sevilha ou azeda), os citrinos (limão), os citrinos (laranja doce), os citrinos (tangerina, mandarina) e os citrinos (toranja). A produção mundial de citrinos frescos é atualmente de cerca de 98,7 milhões de toneladas, das quais a laranja representa 62%, a tangerina e a mandarina 17%, a cidra 5%, a toranja 5% e o limão e a lima 11% (FAO, 2001a). Apenas a banana excedeu a quantidade de fruta fresca que entra no comércio internacional. O Sudeste Asiático é a origem dos citrinos nas zonas tropicais húmidas, mas a produção comercial de citrinos em grande escala é estabelecida através da irrigação nas zonas subtropicais. No entanto, para o sumo e a fruta fresca, os citrinos são produzidos para a extração de ácido cítrico e de óleo (FAO, 2001a).

3.3.4.4 Tâmaras (Tamareira)

As tâmaras são exclusivas, pois possuem caraterísticas e propriedades diferentes, que as separam dos restantes frutos primários. O consumo de tâmaras pode ser dividido em três fases principais de maturação: fresca, estaladiça e suculenta. A tâmara madura de uma árvore inteira conserva-se durante um mês e pode ser transportada ou armazenada como fonte de alimento. A tâmara é importante como fruto do deserto e como alimento básico, ao passo que a sua utilização em aplicações industriais e produtos derivados da tâmara tem vindo a aumentar. A tamareira destaca-se onde o resto (produtos de fruta) é marginalizado no seu melhor, o que pode dar contribuições de afeto especial ao produtor para a tamareira com a habitação criada por ela (FAO, 1994).

3.3.5 Culturas oleaginosas

3.3.5.1 Amendoim

O amendoim é vulgarmente designado como a noz do homem. Atualmente, é uma cultura alimentar essencial e uma oleaginosa. O amendoim é um habitante da América do Sul e nunca foi descoberto sem ser cultivado. O amendoim é uma planta anual com princípios ou prostrada. Propaga-se normalmente nas zonas temperadas quentes, subtropicais e tropicais. Os estudos etnológicos efectuados nas principais tribos indígenas, documentam na América do Sul a difusão da agrologia do amendoim e dão um testemunho complicado da sua adaptação muito antes da posterior conquista espanhola. Os espanhóis levaram o amendoim quando regressaram à Europa. O amendoim foi mais tarde espalhado para África e Ásia por comerciantes, onde atualmente cresce entre 40^0 S e 40^0 N (Pattee e Young, 1982).

Nos principais países em desenvolvimento, o nível de produtividade é inferior ao dos Estados Unidos da América, em grande parte devido a constrangimentos em certas produções (FAO, 2002).

Mais de metade do amendoim colhido em todo o mundo é transformado em óleo, no entanto, uma quantidade considerável do amendoim produzido pelos países em desenvolvimento está a ser comercializada nos mercados nacionais. O comércio internacional de amendoim é maioritariamente constituído por farinhas (bagaço), sementes (caroços) e cascas (vagens). Os países desenvolvidos, como a França, a Alemanha, o Japão, o Canadá, a Holanda e a Inglaterra, asseguram 65% da procura mundial de amendoim. Além disso, os principais fornecedores de amendoim são a Argentina, a China e os Estados Unidos da América (FAO 2002b).

Quadro 3.3: Área, rendimento e produção de amendoim (com casca) em vários países em desenvolvimento em África, na Ásia e na América Latina.

Países	Áreas	Rendimento (t/ha)	Produção ('000 t)
África			
Nigéria	1,798	1.1	1,917
Sudão	960	0.69	663
Senegal	829	0.83	684
Moçambique	279	0.39	109
Níger	207	0.37	83
Uganda	191	0.73	141
Zimbabué	181	0.5	95
Mali	174	0.9	155
Tanzânia	113	0.62	70
Egito	38	2.7	107
Ásia			
China	3,658	2.6	9,737
Índia	7,740	0.98	7,609
Indonésia	661	1.7	1,159
Myanmar	393	1	506
Vietname	239	1.2	302
Tailândia	97	1.5	143
Paquistão	98	1	99
Turquia	30	2.4	75
Síria	13	2.2	28
América Latina e Caraíbas			
Argentina	214	2.2	464
Brasil	93	1.7	164
México	82	1.3	112
Paraguai	32	1	35

[fonte: FAOSTAT, base de dados1990-1998. Acedido em 06/-3/2016]

Quadro 3.4: Principais países exportadores de bagaço e respectivos valores de amendoim com casca e sem casca.

Países	Amendoim com casca		Amendoim sem casca	
	Exportação (Mt)	Valor (1000 $)	Exportação (Mt)	Valor (1000 $)
China	49,078	30,849	289,213	202,412
Índia	4,394	2,303	86,494	50,276
Argentina	75	39	16,068	115,541
África do Sul	4,378	3,370	25,406	16,722
Países Baixos	6,089	5,564	81,335	79,868
Indonésia	1,992	1,874	206	110
Brasil	2,100	1,679	558	440
Sudão	144	73	7,170	3,666
Senegal	120	79	9,823	5,324
Myanmar	55	20	130	132
Nigéria	18	15	1,277	624

[Fonte: Base de dados FAOSTAT 1990-1998, acesso em 06/03/2016].

Os países em desenvolvimento exportam cerca de 90% de farinha de amendoim. Entre 1995 e 1997, a Índia foi o primeiro país do mundo a exportar cerca de 50% de bagaço de amendoim, seguida do Sudão, do Senegal, dos Países Baixos e da Argentina, que contribuíram com 35% das exportações mundiais. A Tailândia, a Indonésia e a França importaram mais de 65% de bagaço de amendoim. Nos anos 90, registou-se um aumento súbito das importações de amendoim pelos países em desenvolvimento, nomeadamente a Malásia, a China e a Tailândia, devido ao aumento da procura de farinhas pelo sector pecuário (FAO, 2002b).

3.3.5.2 Soja

A soja teve origem doméstica na China, mas atualmente é cultivada em todo o Sudeste e Leste da Ásia, na América (especificamente no Brasil e nos EUA), na Ásia Ocidental e na África Subsariana, de forma limitada. Atualmente, a cultura da soja no hemisfério norte, a partir das regiões tropicais, expande-se para 52^0 N (FAO, 1994).

A soja tem um teor de gordura de 18% e de proteínas de 38%. As principais utilizações desta cultura são os produtos proteicos e o óleo para a indústria alimentar. Após a extração do óleo, o resíduo restante é utilizado para alimentação animal, produtos proteicos e farinha. Embora a soja seja uma fonte de proteínas baratas, uma cultura essencial na Ásia Oriental para a vitamina B e uma cultura alimentar importante, os esforços para a apresentar como cultura alimentar noutros locais tiveram um êxito limitado. Além disso, a sua importância aumenta em várias zonas da África Subsariana. É indigesta, de sabor não flamboyant, necessitando assim de muita mão de obra na sua transformação, ao contrário do resto da preparação das leguminosas (FAO, 1994).

Nos países em desenvolvimento, a área global de cerca de 40% é colhida. A América do Sul e subtropical representa 49% da quota dos países em desenvolvimento (o Brasil tem uma enorme exportação comercial e 75% do valor), a América do Sul moderada 13%, a Ásia 5% e a China 28%. Quase 5% do consumo de proteínas do Sul da Ásia e da China foi fornecido pela soja. A contribuição da cultura para a dieta em termos de gordura é de 4-5% na Indonésia, 6-7% na Tailândia, Índia e China e 20% no Brasil. Anualmente, os esforços combinados das Caraíbas e da América Latina produzem soja que ascende a 26 milhões de toneladas. Houve aumento de área nas regiões em torno de 1,4% ao ano na última década e aumento de produtividade de 2%, aproximando-se de 1,8 toneladas/ha. Entre os factores limitantes da produção agrícola nas Caraíbas e na América Latina estão o fotoperíodo, a toxicidade do alumínio, as pragas e doenças e os solos ácidos. As variações de rendimento variam entre 1,8 toneladas/ha na África subsariana (FAO, 1994).

3.3.6 Outras culturas

3.3.6.1 Pimenta

Pensava-se que a origem do pimento era a América tropical. Atualmente, a produção mundial de pimento é de cerca de 19 milhões de toneladas numa área colhida de 1,5 milhões de hectares. O pimento consegue desenvolver-se em climas com temperaturas entre 18 e 27^0 C durante o dia e entre 15 e 18^0 C durante a noite. Há mais flores e maior ramificação quando a temperatura é baixa durante a noite, mas a temperatura quente durante a noite resulta num aumento da intensidade da luz (FAOSTAT, 2011).

O pimento é cultivado de forma considerável, atingindo um rendimento elevado e em condições de sequeiro, com 600 a 1250 mm de precipitação repartida uniformemente ao longo da estação de crescimento. Uma pluviosidade elevada pode provocar a má fixação dos frutos e a queda das flores num período durante a floração, bem como um período de maturação dos frutos que apodrecem (FAOSTAT, 2011).

Os solos de textura ligeira com drenagem moderada e capacidade de retenção de água são os mais favorecidos. O valor máximo de PH situa-se entre 5,5 - 7,0 para solos ácidos. A inundação por períodos ainda mais curtos resulta em queda de folhas. As necessidades de fertilizantes são 550 - 100 kg/ha de K, 25 - 50kg/ha de P e 100 - 170kg/ha de N (FAOSTAT, 2011).

3.3.6.2 Cana-de-açúcar

A cana-de-açúcar tem atualmente uma área de cerca de 13 milhões de hectares e a produção comercial mundial de cana-de-açúcar é de cerca de 1254,8 milhões de toneladas/ano, sendo a sacarose 55 milhões de toneladas/ano (FAOSTAT, 2001).

A Ásia e talvez a Nova Guiné são a origem da cana-de-açúcar. A maior parte da cana-de-açúcar comercial irrigada e de sequeiro cresce no equador a 35^0 N e S. A cana-de-açúcar é bem sucedida numa estação de crescimento que é quente e longa com grande incidência de radiação e humidade suficiente, num período de colheita fresco, solarengo e seco com maturação sem geada (FAOSTAT, 2001).

A temperatura máxima para a germinação (brotamento) das estacas de caule situa-se entre 32 e 38^0 C. A temperatura mínima para um crescimento bem sucedido é de cerca de 20^0 C. No entanto, para o amadurecimento, temperaturas mais baixas entre 20 e 10^0 C são relativamente desejadas, pois isso tem influência observável no enriquecimento de sacarose da cana-de-açúcar e na taxa de crescimento da redução da vegetação (FAOSTAT, 2001).

3.3.6.3 Beterraba sacarina

A beterraba sacarina fornece cerca de 16% da produção de açúcar no mundo. Atualmente, a produção de beterraba no mundo é de cerca de 234 milhões de toneladas em 5,9 milhões de hectares de área colhida (FAOSTAT, 2001). A Ásia é a origem da beterraba sacarina. É uma cultura bienal com período de colheita durante o primeiro ano. A beterraba sacarina cresce sob chuva, bem como nas zonas tropicais sob irrigação, tolerando solos alcalinos e muito salinos.

A beterraba sacarina necessita de um período de crescimento moderadamente longo, normalmente entre 140 e 160 e até 200 dias. As folhas formam grandes quantidades de açúcar. A maior parte é utilizada durante o período de vegetação para os processos de crescimento, enquanto que quando o crescimento da vegetação abranda, uma grande parte é acumulada no período tardio dentro da raiz de crescimento. Para além disso, a concentração de açúcar e o tamanho do açúcar determinam a produção de açúcar. Com o desenvolvimento repentino da raiz, a concentração de açúcar atinge um valor constante que é basicamente determinante do clima, do nível de azoto do solo e do abastecimento de água e, num determinado ponto, influenciado pelo espaçamento e pela variedade da planta. Normalmente, a raiz contém mais de 15% de açúcar do peso da raiz fresca. A colheita é efectuada perto do fim do primeiro período de crescimento da estação, quando a raiz possui a quantidade ideal de açúcar (FAOSTAT, 2001).

3.3.6.4 Feijões

O feijão é a cultura alimentar mais importante do mundo para consumo direto. Entre as principais culturas, possui um dos diferentes níveis de hábito de crescimento, cor, forma, tamanho da semente (caraterísticas da semente), adaptação e maturidade. O feijão possui também uma imensa variabilidade (mais de 40.000 variedades). Os feijões da coleção de germoplasma estão correlacionados com o resto dos produtos essenciais a nível mundial (Gumaraes et al., 2009).

O feijão é produzido em séries de sistemas de culturas e regiões do ambiente distintas de África, Europa, China, Estados Unidos, Canadá e América Latina. O maior produtor e consumidor de feijão é a América Latina, onde o feijão é um alimento tradicional essencial, particularmente na zona andina, nas Caraíbas, na América Central, no Brasil e no México. O feijão é produzido em África principalmente para subsistência, sendo as regiões dos Grandes Lagos as que apresentam o maior consumo mundial per capita. O feijão é a principal fonte de proteínas alimentares no Uganda, Zâmbia, Quénia, Malawi e Tanzânia. Na Ásia, o feijão seco é menos benéfico do que as restantes leguminosas, mas a China está a aumentar as suas exportações (Gumaraes et al., 2009).

3.3.6.5 Tabaco

[th]As pessoas utilizam o tabaco há séculos, mas o consumo de cigarros e o fabrico de cigarros em grande escala só foram introduzidos no século XIX. Desde então, o consumo de cigarros difundiu-se por todo o mundo, sendo que, no ano 2000, um em cada três adultos, ou seja, cerca de 1,1 mil milhões a 1,2 mil milhões de pessoas, fumava globalmente. Presume-se que o consumo de cigarros está na origem da morte de quatro milhões de pessoas por ano em todo o mundo (OMS, 1994). Prevê-se que o número de pessoas que fumam aumente em 1,6 mil milhões até 2025 devido ao crescimento da população adulta e ao aumento do consumo de tabaco (Montiel e Banco Mundial, 1999).

Considera-se que o consumo de tabaco e de produtos do tabaco, nomeadamente através do tabagismo, acarreta para a sociedade um custo social líquido. Considera-se que o consumo de tabaco e o tabagismo atingem persistentemente o nível de uma epidemia. Com base em numerosos estudos realizados, nos próximos 25 anos a mortalidade relacionada com o tabaco aumentará subitamente, a menos que os actuais fumadores deixem de o fazer (Montiel e Banco Mundial, 1999).

Como todos os produtos, os produtos do tabaco e o tabaco são legitimamente produzidos, consumidos e comercializados e as regras estabelecidas para o seu comércio e produção são as mesmas para todos os produtos. Assim, apesar de muitos países tomarem medidas rigorosas para reduzir o consumo de tabaco e o tabagismo, como medidas para reduzir os custos sociais relacionados com o tabaco, as economias de países diferentes dependem enormemente do fabrico e cultivo do tabaco e dos produtos relacionados com o tabaco para obterem rendimentos e emprego (FAO, 2003).

3.3.6.6 Impulsos

As leguminosas são plantas leguminosas de sementes secas comestíveis. Têm um significado económico e nutricional único devido à sua contribuição para a dieta de milhões de pessoas em todo o mundo. As principais vantagens das leguminosas residem principalmente no seu teor de proteínas, que é elevado (duas ou três vezes superior ao de muitas tigelas de cereais), e são também fontes de energia valiosas. Além disso, o ferro e o cálcio são minerais de importância nutricional e uma quantidade significativa destes minerais está contida nas leguminosas. Os países em desenvolvimento são líderes na utilização de leguminosas como alimento, fornecendo cerca de 90% do consumo humano de leguminosas a nível mundial. Em muitos países de baixo rendimento, a contribuição das leguminosas para a ingestão diária de proteínas é de cerca de 10% e de cerca de 5% do consumo de energia da dieta das pessoas (FAO/OMS, 2001).

A produção mundial de leguminosas indicou uma tendência ascendente nos últimos anos, com a Ásia e a América do Norte a liderarem a maior parte do aumento. No entanto, em 2000, registou-se uma quebra de quase 2 milhões de toneladas na produção de leguminosas em relação ao ano anterior, para cerca de 55 milhões de toneladas, tendo a Índia, a França e a Austrália sido as principais vítimas dessa quebra. Em 2001, previa-se que a produção mundial atingisse 58 milhões de toneladas, em comparação com o ano anterior. A utilização das leguminosas a nível mundial também deverá aumentar e, em 2011, deverá atingir 57 milhões de toneladas. O comércio de leguminosas deverá expandir-se em 2001 a nível mundial, impulsionado pelo aumento da procura no subcontinente indiano, na América Central, no Norte de África e no Médio Oriente (FAO/OMS, 2001).

3.4 As cores da água

A água virtual é classificada em três tipos, nomeadamente; a água verde, a água azul e a água cinzenta, respetivamente. É, por isso, importante diferenciá-las, uma vez que também diferem nas suas caraterísticas (Hoekstra, 2007).

3.4.1 A água verde: A água verde, como conteúdo de água virtual, é definida como o volume de água da chuva que se evaporou no processo de produção (Chapagain e Hoekstra, 2008). Isto diz respeito especificamente aos produtos da agricultura, em que se refere à soma agregada da água das chuvas acumulada no solo como água do solo e desaparecida por evaporação da porção no momento do desenvolvimento da cultura.

3.4.2 A água azul: A água azul como conteúdo de água virtual é definida por Hoekstra e Chapagain (2008) como o volume de água superficial que desapareceu por evaporação devido à sua produção. No que respeita à produção vegetal, o teor de água azul é estabelecido como a evaporação da água embebida do solo e a evaporação da água fornecida pelo curso de água embebido e pelos reservatórios de acumulação não naturais (Garrido et al., 2010). No abastecimento doméstico de água e na produção industrial, o teor de produtos e ou serviços de água azul é equivalente à parte da água retirada do solo ou da água superficial evaporada e, portanto, irreversível para o sistema anterior. A água que se evapora é considerada como não podendo ser utilizada para outros fins, embora possa, no entanto, regressar como água da chuva (principalmente a vários quilómetros de distância). A precipitação é também recebida por numerosas culturas de regadio, de modo a que a mistura de fontes artificiais e naturais satisfaça maioritariamente a procura global de água. Além disso, devido à variação significativa das condições climatéricas, a quantidade de água azul necessária para a irrigação também varia. Uma avaliação técnica efectuada na Andaluzia (de terras irrigadas com cerca de 900.000 ha) mostrou que a necessidade de evapotranspiração de água azul das culturas varia entre 3,4 e 5 mil milhões de m^3, devido às condições meteorológicas no período de crescimento.

A diferença entre a água azul e a água verde foi iniciada por Falkemark (1995). Tanto a água azul como a água verde diferem na base das suas áreas de aplicação, bem como no custo de oportunidade (Chapagain e Orr, 2009). É impossível que a água verde seja automaticamente reposicionada para utilizações sob qualquer forma para além da vegetação natural e das culturas opcionais alimentadas pela chuva, ao passo que, ao contrário da água verde, a água azul é utilizável para culturas de regadio (irrigação), tal como para o resto das indústrias, agricultura e utilizações urbanas da água (Fraiture et al., 2004; Hoekstra 2007). No entanto, a água verde utilizada na produção de culturas é considerada mais resistente do que a água azul (Yang et al., 2006). Apesar de não ser necessariamente o problema, se as fontes de água azul forem utilizadas, a sua capacidade de resistência à produção é inferior. Nas regiões sub-húmidas e semi-áridas do mundo, o obstáculo à produção alimentar é a água, devido às grandes flutuações da precipitação, às carências recorrentes, às estações secas longas, aos períodos de seca e às inundações. O principal desafio é limitar os perigos relacionados com a água causados pela extrema variabilidade da precipitação, em vez de suportar a completa insuficiência de água (CAWMA, 2007). No total, existe precipitação adequada para duplicar e, por vezes, quadruplicar os rendimentos das culturas no sistema de agricultura de sequeiro, mesmo em regiões com limitações hídricas (CAWMA, 2007), mas, normalmente, é acessível no momento não programado, resultando em períodos de seca com muito deste rendimento desperdiçado. A concentração da gestão das chuvas há 50 anos no campo dos agricultores através da conservação da água e do solo não pode, por si só, limitar o perigo causado pelo período de seca habitual. Na gestão dos recursos hídricos, é necessário investir no sistema de agricultura familiar de sequeiro que utiliza a precipitação em composição com irrigação suplementar (CAWMA, 2007).

No âmbito da componente de água azul, é no entanto extremamente importante diferenciar os sistemas de águas subterrâneas e de águas superficiais. As águas subterrâneas desempenham um papel importante diferente das águas superficiais. De acordo com os dados atualmente disponíveis, a agricultura irrigada por águas subterrâneas deu maior produtividade se comparada com a irrigação por águas superficiais (Hernandez-Mora et al., 2001). Esta maior produtividade deve-se à capacidade dos agricultores de controlarem o abastecimento e a garantia de utilização da água e também à segurança das águas subterrâneas proporcionada em contraste com os períodos de seca. Com estas duas circunstâncias, os agricultores têm espaço para investir, sem receio de eventuais períodos de seca, em melhores técnicas de rega e em equipamento mais económico para as culturas de rendimento. Os agricultores que utilizam água subterrânea, geralmente, suportam todos os custos operacionais, financeiros e de manutenção. Na maior parte dos casos, os utilizadores de águas subterrâneas pagam mais por volume de água do que os regantes de águas superficiais, porque as águas superficiais são, na sua maioria, densamente subsidiadas (Hernandez-Mora et al., 2001).

3.4.3As águas cinzentas: A água cinzenta é definida como o volume de água necessário para misturar a quantidade de resíduos tóxicos (poluentes) ejectados no esquema de água pura a um ponto em que a perfeição ou pureza da área circundante da água se mantém para além do padrão de qualidade da água acordado (Chapagain e Hoekstra, 2008).

Capítulo 4

Metodologia

A investigação foi efectuada de acordo com o procedimento seguinte;

4.1 Cálculos do teor de água virtual (VWC)

A evapotranspiração da cultura ETc (mm dia^{-1}) foi utilizada para calcular as necessidades hídricas da cultura (m^3 ha^{-1}). A evapotranspiração de referência da cultura ETo foi multiplicada pelo coeficiente da cultura Kc, de modo a obter a evapotranspiração da cultura ETc (como na Fig. 4.1). Assim,

$$ETc = Kc \times ETo \tag{1}$$

Onde ETo designa a evapotranspiração da cultura de referência (mm/dia) e Kc é o coeficiente da cultura.

A equação de Penman Monteith foi utilizada para os cálculos de ETo (Allen et al., 1998b).

$$ETo = \frac{0.408\,\Delta(Rn-G) + \gamma\frac{900}{T+273}U2\,(es-ea)}{\Delta + \gamma\,(1+0.34U2)}, \tag{2}$$

Onde por

ETo = Reference evapotranspiration [mm day-1],

Rn = net radiation at the crop surface [MJ m-2 day-1],

G = soil heat flux density [MJ m-2 day-1],

T = mean daily air temperature at 2 m height [°C],

U_2 = wind speed at 2 m height [m s-1],

es = saturation vapour pressure [kPa],

ea = actual vapour pressure [kPa],

$es - ea$ = saturation vapour pressure deficit [kPa],

γ = slope vapour pressure curve [kPa °C-1],

Δ = psychrometric constant [kPa °C-1].

O software CROPWAT 8.0 desenvolvido pela Organização das Nações Unidas para a Alimentação e a Agricultura (FAO, 2015a) foi utilizado para os cálculos da evapotranspiração da cultura e da evapotranspiração de referência.

O teor de água virtual foi então calculado utilizando

$$VWC[n, c] = \frac{CWR[n,c]}{CY[n,c]}$$
(3)

VWC representa o teor de água virtual em (m³ ton⁻¹) na Nigéria n, e para o tipo de cultura c cultivada. *CWRC* representa as necessidades hídricas da cultura em (m³ ha⁻¹). *CY* representa o rendimento da cultura em (ton ha⁻¹).

4.2 Cálculos do comércio virtual de água (VWT)

Os cálculos do comércio de água virtual foram efectuados multiplicando o conteúdo de água virtual de cada cultura pelo comércio da cultura correspondente. Assim;

A importação virtual do comércio de água foi calculada utilizando;

$$VWI\ [ni, c, t] = CT\ [ni, c, t] \ x\ VWC\ [n, c, t]$$
(4)

A exportação do comércio virtual de água foi calculada utilizando;

$$VWE\ [ne, c, t] = CT\ [ne, c, t] \ x\ VWC\ [n, c, t]$$
(5)

Onde

VWI representa a importação virtual de água em (m³ y)⁻¹

VWE representa a exportação virtual de água (m³ yr)⁻¹

VWC significa teor de água virtual em (m³ ton)⁻¹

CT implica o comércio de culturas (ton y)⁻¹

ne, ni, t implica, respetivamente, a exportação da Nigéria e a importação da Nigéria, no momento t (2013).

4.3 Cálculos do balanço hídrico (WB)

O balanço hídrico é definido como a diferença entre o volume total de importação de água virtual e o volume total de exportação de água virtual da Nigéria em 2013. Quando o valor obtido é positivo, então é referido como importação líquida de água virtual, indicando que há mais importações do que exportações. Quando o valor do balanço hídrico é negativo, então é considerado como exportação líquida de água virtual, o que implica que um país é um grande exportador de água virtual.

O balanço hídrico foi calculado utilizando;

$$NVWI = GVWI - GVWE \qquad (6)$$

$NVWI$ representa a Importação Líquida de Água Virtual (m³ yr⁻¹).

GVWI e GVWE representam a importação e exportação bruta de água virtual, respetivamente.

$$GVWI\ [ni, c, t]\ =\ \Sigma\,VWT\ [ni, c, t], \qquad (7)$$
$$GVWE\ [ne, c, t]\ =\ \Sigma\,VWT\ [ne, c, t] \qquad (8)$$

$\Sigma\,VWT$ representa a soma do comércio de água virtual para importação e exportação.

4.4 Cálculos da procura virtual de água (VWD)

A procura de água virtual (ou produção de água virtual) das culturas é o volume total de água virtual das culturas (incluindo o volume de exportação) produzido na Nigéria num determinado ano.

A Demanda Virtual de Água foi calculada usando;

$$VWD\ [c, t]\ =\ QP\ [c, t]\ x\ VWC\ [c, t] \qquad (9)$$

Onde

VWD = Necessidade Virtual de Água (m³ yr⁻¹), QP = Quantidade produzida (ton yr⁻¹), VWC = Teor Virtual de Água (m³ ton⁻¹).

4.5 Cálculo das águas verdes, azuis e cinzentas

A água virtual verde e azul para o CROPWAT foi calculada com base em Aldaya et al., (2012) utilizando a opção de calendário de rega, enquanto a água cinzenta foi obtida subtraindo a água azul e verde da água virtual produzida.

4.6 Cálculos da pegada hídrica (WP)

A pegada hídrica é um indicador de utilização da água que se centra na água utilizada pelo produtor ou consumidor, tanto direta como indiretamente. A pegada hídrica de uma comunidade ou de um indivíduo é expressa como o volume total de água utilizado na produção de bens e serviços que essa comunidade ou indivíduo consumiu.

A pegada hídrica das culturas selecionadas das regiões semi-áridas da Nigéria foi calculada utilizando,

$$WP = VWD + NVWI \tag{10}$$

Ou

$$WP = VWD - GVWE + GVWI \tag{11}$$

Onde,

WP representa a pegada hídrica (m^3 yr^{-1}), VWD representa a procura virtual de água (m^3 yr^{-1}), $NVWI$ representa a importação líquida de água virtual (m^3 yr^{-1}).

4.7 Dados gerados

4.7.1 Dados climáticos

O CLIMWAT 2.0 para o CROPWAT é um software de base de dados desenvolvido pela FAO para fornecer dados climáticos que podem ser utilizados como entrada para o cropwat (FAO, 2015b). Forneceu dados sobre temperaturas, humidade relativa, radiação solar, horas de sol e velocidade do vento. O software está disponível e pode ser descarregado do sítio Web da FAO. Existem dados para mais de 100 países na base de dados CLIMWAT, e os dados para a Nigéria (como um estudo de caso) são inclusivos.

4.7.2 Parâmetros das culturas

Os parâmetros das culturas, que incluem o coeficiente de cultura na fase inicial, na fase intermédia e na fase tardia, bem como a profundidade das raízes, foram adoptados a partir da informação sobre a água das culturas da base de dados da FAO e da data de plantação do calendário de culturas da FAO. Os dados de rendimento das culturas foram retirados da base de dados FAOSTAT e estão acessíveis no sítio Web da FAO (FAOSTAT, 2015b).

As terras cultivadas regionais, devido à falta de dados, são obtidas gerando uma equação que considera a distribuição da população no país.

4.8 Procedimento de cálculo

O procedimento passo a passo do comércio virtual de água calculado nas regiões semi-áridas da Nigéria foi resumido na Fig. 4.1 abaixo

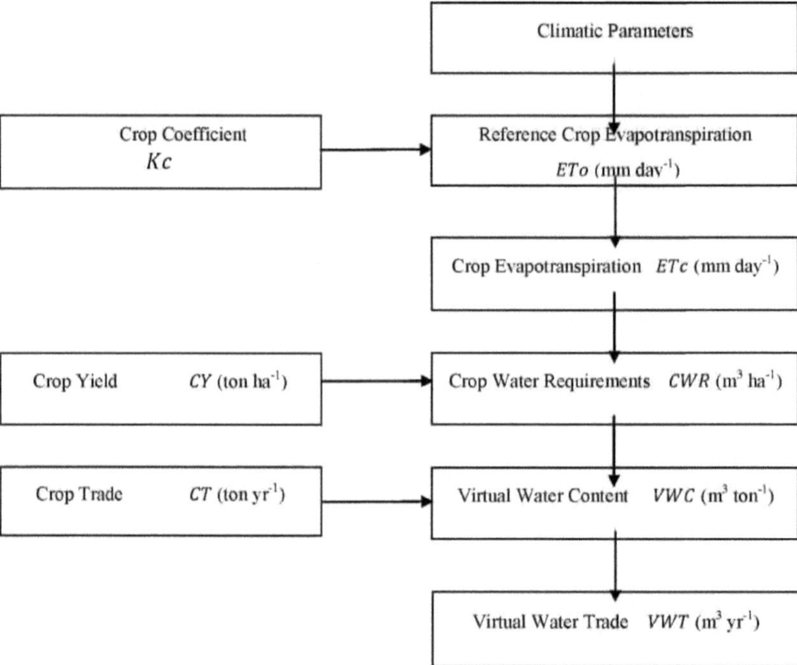

Fig.4.1: Fluxograma mostrando o procedimento geral para o cálculo do comércio virtual de água

Capítulo 5

Resultados e discussão

Graças à metodologia e ao procedimento explicados, os resultados foram obtidos e apresentados. De acordo com os resultados obtidos na tabela 5.1, as culturas cultivadas em Kano têm o teor de água virtual mais elevado, com 127,9 mil m^3 /tonelada, consequentemente, consumiram/necessitaram de mais água do que qualquer área de produção das regiões semi-áridas. A seguir em termos de consumo de água pelas culturas é Maiduguri, seguida de Sokoto, Potiskum, Gusau, Katsina e, por último, Nguru, que tem 92 mil m^3 /ton.

O volume de importação de água virtual nas regiões semi-áridas da Nigéria em 2013 foi muito superior ao de exportação de água virtual, com 292 milhões de m^3 /ano de importação e 919,6 mil m^3 /ano de exportação, a partir de Nguru, que foi a região com menos água virtual. Sendo a região com maior teor de água virtual nas culturas, Kano também teve o maior volume de água virtual para importações e exportações, com 3,1 mil milhões de m^3 /yr e 9,3 milhões de m^3 /yr, respetivamente (como no Quadro 5.1).

Apesar de Maiduguri ser a segunda região com maior teor de água virtual, foi a terceira no que respeita ao volume de água virtual das culturas, tanto para as importações, com 1,4 mil milhões de m^3 /ano, como para as exportações, com 4,4 milhões (Quadro 5.1). O volume médio das importações brutas de água virtual entre as sete regiões pode ser calculado a partir do quadro 5.1 como sendo aproximadamente 1,2 Gm^3 /yr para 2013, enquanto que para a exportação é de 3,9 Mm /yr^3

Quadro 5.1: Teor de água virtual bruta, importação e exportação para as regiões semi-áridas da Nigéria.

Regiões Nome	GVWC (m^3 /ton)	GVWI (m^3 /yr)	GVWE (m^3 /yr)
Gusau	104,668	674,802,864	2,724,064
Kano	127,859	3,078,763,708	9,345,039
Katsina	102,012	1,601,627,723	5,473,175
Maiduguri	127,205	1,443,513,905	4,400,463
Nguru	91,966	292,021,873	919,609
Potiskum	105,082	363,234,270	1,078,763
Sokoto	118,895	1,159,193,397	3,513,415

| Total | 777,686 | 8,613,157,740 | 27,454,527 |

Com base nos resultados obtidos e apresentados na Fig. 5.1, o volume de água virtual produzida foi incomparavelmente maior do que os volumes de importação e exportação em cada região, fornecendo mais de dois terços do volume total de água virtual da produção, importação e exportação.

O resultado esclareceu ainda que houve um aumento nas importações de água virtual e uma diminuição nas exportações de água virtual em toda a Nigéria quando esta investigação é comparada com o estudo de Zimmer e Renault (2003). O estudo destes autores revelou que a importação bruta de água virtual da Nigéria em 1999 foi de 8 mil milhões de m^3 /ano, enquanto a importação bruta total de água virtual para as regiões semi-áridas, segundo este estudo, foi de 8,6 mil milhões de m^3 /ano (Quadro 5.1). Além disso, a exportação bruta de água virtual foi de 300 milhões de m^3 /yr para todo o país contra o valor desta pesquisa que foi de 27,5 milhões de m^3 /yr (Tabela 5.1). Estas enormes diferenças podem dever-se a um aumento da população da Nigéria entre 1999 e 2013, à variação do(s) local(is) de estudo, a diferentes tipos e quantidades de culturas utilizadas ou a todos os três factores. Isto indica significativamente que, à medida que a população da Nigéria aumenta, a dependência alimentar externa da Nigéria aumenta e as exportações de alimentos tornam-se escassas. Esta afirmação pode ser apoiada pela investigação conduzida por Hoekstra e Hung (2002), que revelou que, entre 1995 e 1999, a importação bruta de água virtual da Nigéria foi de 5,8 mil milhões de m^3 /yr e a exportação bruta de água virtual da Nigéria foi de 934,4 milhões de m^3 /yr, o que ficou aquém da investigação de Zimmer e Renault (2003) no que diz respeito à importação e em excesso nas perspectivas de exportação.

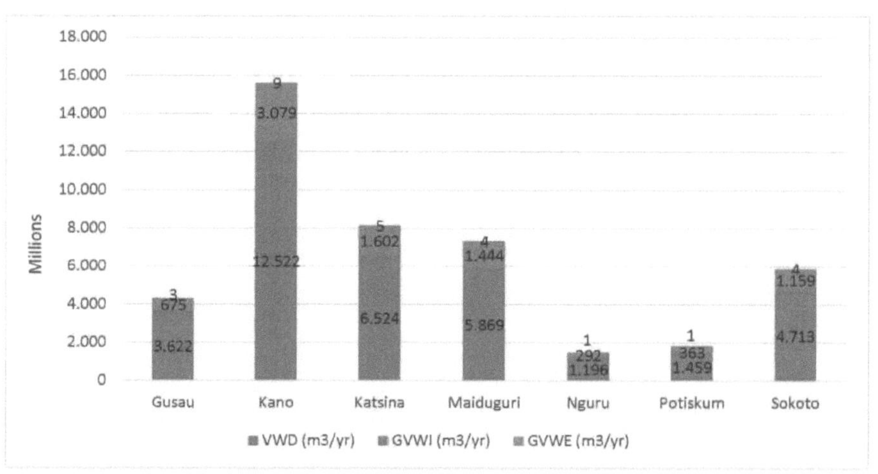

Fig.5.1: Variações na produção, Importação e Exportação de água virtual

Kano foi, de longe, a maior região de água verde entre as regiões semi-áridas, com 3,6

Gm³ /yr (Quadro 5.2). Gusau ficou em segundo lugar no que respeita à disponibilidade de água verde, com uma diferença de mais de 2 mil milhões de metros cúbicos de água em relação a Kano. A terceira foi Katsina, depois Maiduguri, Sokoto, Potiskum, e a região com maior escassez de água verde foi Nguru com 251 Mm³ /yr (como se pode ver no Quadro 5.2 e na Fig. 5.2).

A região que consumiu mais água azul foi Kano, que é o maior consumidor de água virtual das culturas, com cerca de 9 Gm³ /ano. A região seguinte em termos de consumo de água azul foi Katsina, seguida de Maiduguri, Sokoto, Gusau, Potiskum e Nguru, a região com menor consumo de água verde, com 945 Mm³ /ano (como se pode ver na Tabela 5.2 e na Fig. 5.2).

A água cinzenta teve uma importância menor na produção das culturas. Apenas algumas culturas, na sua maioria com um período de desenvolvimento de um ano, utilizaram pouca água cinzenta, como a manga, a cana-de-açúcar, etc. Como resultado, menos de 0,01% da água cinzenta foi utilizada para todas as culturas selecionadas. A região de Kano tem o maior volume de água virtual de água cinzenta com 609,8 mil m³ /yr, seguida de Sokoto, Gusau, Maiduguri, Katsina, Potiskum, e o menor de Nguru com 9,7 mil m³ /yr (como mostra a Tabela 5.2).

Quadro 5.2: resumo das águas verdes, azuis e cinzentas de cada região da zona semi-árida

Regiões Nome	GVWD (m³ /yr)	BVWD (m³ /yr)	G$_R$ VWD(m³ /yr)
Gusau	1,504,465,401	2,117,760,631	159,620
Kano	3,551,547,344	8,969,386,987	609,755
Katsina	1,229,568,020	5,294,143,902	42,085
Maiduguri	1,216,349,109	4,652,553,446	110,831
Nguru	251,037,206	944,953,340	9,727
Potiskum	459,737,955	999,386,669	9,856
Sokoto	1,213,002,117	3,499,408,156	218,988
Total	9,425,707,152	26,477,593,130	1,160,862

Considerando o número de anos passados, o aumento da população e as regiões selecionadas, o resultado obtido nesta investigação é semelhante ao resultado revelado por Mekonnen e Hoekstra (2011) para a pegada hídrica das produções agrícolas entre 1996 e 2005. O total de água virtual produzida foi de 192 Gm³ /yr comparado com o resultado desta investigação que foi de aproximadamente 36 Gm^3 /yr (como se pode ver na Tabela 5.3 e pode ser calculado a partir da Fig.5.1).

Com base no estudo de Mekonnen e Hoekstra (2011), a água verde contribuiu com 190,6 Gm^3 /yr, a água azul com 1,087 Gm^3 /yr, e a água cinzenta com 605 Mm^3 /yr contra os 9,4 Gm^3 /yr deste estudo, 26,5 Gm^3 /yr, e 1,2 Mm^3 /yr, respetivamente (Tabela 5.2). Isto implica que a maioria das culturas produzidas na Nigéria cresce noutras regiões que têm abundância de água verde em vez de regiões com escassez de água na zona semi-árida, uma vez que mais de 99% das culturas produzidas são de água verde. Dito isto, devido aos dois resultados obtidos, pode observar-se que a utilização de água cinzenta é significativamente mais baixa nas regiões semi-áridas do que nas outras regiões, com base nos resultados do estudo de Mekonnen e Hoekstra (2011).

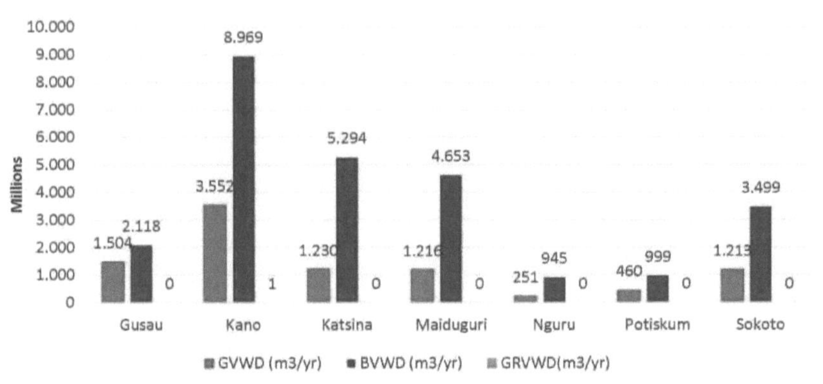

Fig.5.2: Gráfico que mostra as contribuições da água verde, azul e cinzenta das regiões semi-áridas da Nigéria no ano de 2013

Tendo em conta os resultados obtidos, a água azul registou as maiores contribuições de água virtual para as produções agrícolas nas regiões semi-áridas da Nigéria em 2013 (Fig. 5.3). As contribuições globais de água azul e verde para todas as regiões foram de 74% e 26%, respetivamente (Fig. 5.3), enquanto as contribuições de água azul para cada região foram de 58% em Gusau, 72% em Kano, 81% em Katsina, 79% em Maiduguri, 79% em Nguru, 68% em Potiskum e 74% em Sokoto. No entanto, as contribuições de água verde foram de 42%, 28%, 19%, 21%, 21%, 32% e 26%, respetivamente. As águas cinzentas mantiveram-se em 0% em todas as regiões (como se pode ver na Fig. 5.3).

O balanço hídrico para todas as regiões foi positivo (NVWI), o que implica que houve mais importações do que exportações (Tabela 5.3). Pode calcular-se a partir do Quadro 5.3 que o volume total da procura virtual de água (água virtual produzida) nas regiões semi-áridas é de 81% do total de água utilizada (pegada hídrica), enquanto o balanço hídrico é de 19%. A região com um volume máximo de água virtual utilizada foi Kano com 15,6 Gm^3 /yr e o mínimo foi Nguru com 1,5 Gm^3 /yr (Quadro 5.3).

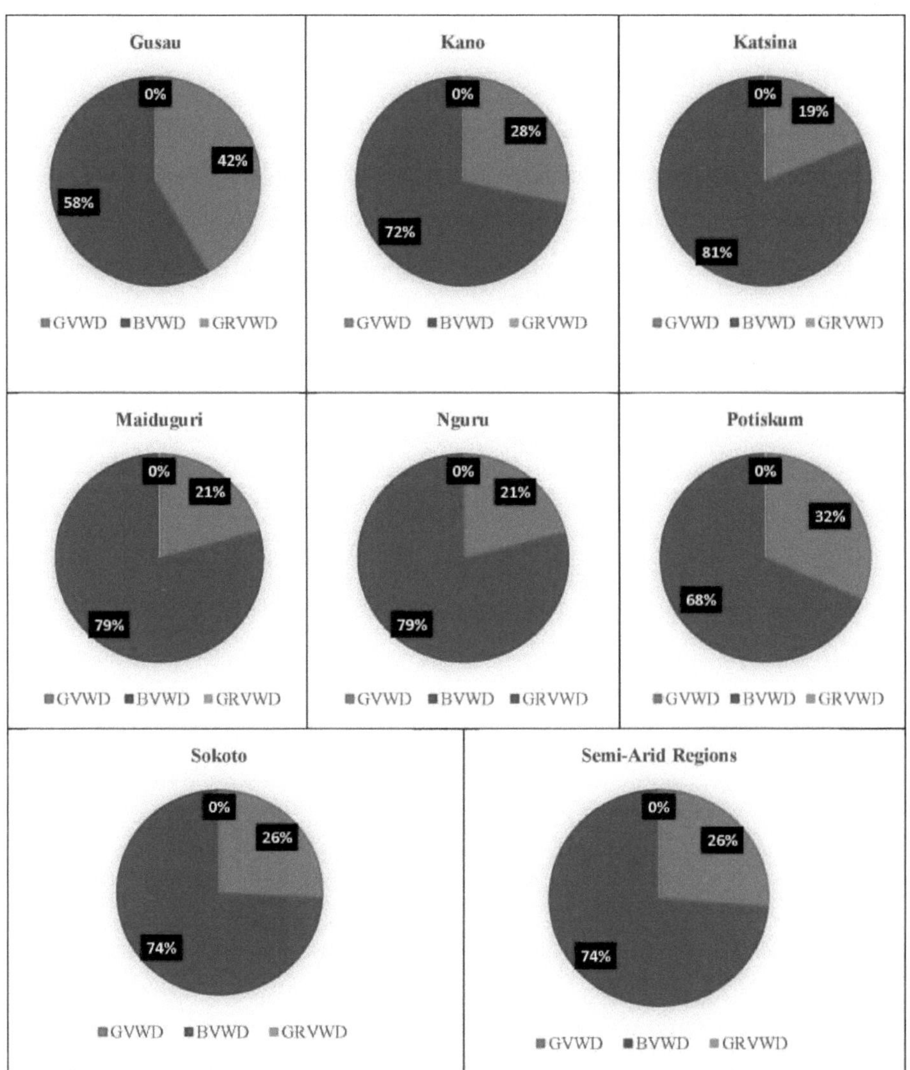

Fig.5.3: Contribuições percentuais zonais e regionais de água verde, azul e cinzenta.

Pela inspeção dos dados, a pegada hídrica de toda a Nigéria aumentou quando comparada com um resultado de Mekonnen e Hoekstra (2011) entre 1996 e 2005. De acordo com o seu estudo, a Nigéria foi o sétimo maior país do mundo em termos de pegada hídrica na produção de culturas, com 192 Gm^3 /ano, enquanto que para esta investigação foi de 35,9 Gm^3 /ano para a produção de culturas e 44,5 Gm^3 /ano para a pegada hídrica nas regiões semi-áridas (Quadro 5.3), o que significa que quando se consideram as outras zonas de aridez, o resultado pode ultrapassar o resultado dado.

No entanto, comparando o resultado com o de Hoekstra e Hung (2002) que foi conduzido entre o período de 1995 - 1999, foi revelado que a importação líquida de água virtual (balanço hídrico) da Nigéria se situava entre 10 - 50 Gm3/ano, o resultado desta investigação não estava dentro do intervalo dado porque foi selecionado um quarto das zonas de aridez da Nigéria que era de 8,6 Gm^3 /ano (Tabela 5.3).

Foi feita uma comparação entre o resultado desta investigação e o de Zimmer e Renault (2003), que revelou que a importação líquida de água virtual da Nigéria em 1999 foi de 7 mil milhões de m^3 /ano, o que foi ligeiramente inferior ao desta investigação de 8,6 mil milhões de m^3 /ano (Quadro 5.3), e isto pode ser atribuído ao aumento da população após 14 anos da investigação anterior.

Devido à concentração desta investigação em regiões semi-áridas (e possivelmente a um número diferente de culturas utilizadas), os resultados deste estudo foram diferentes dos de Hoekstra e Hung (2002) entre 1995 e 1999. Os seus resultados classificaram a Nigéria como o 24th dos 30 principais países importadores de água virtual do mundo, com uma importação líquida de água virtual de 24 Gm^3 /yr, enquanto neste estudo se obteve 8,6 Gm^3 /yr (Quadro 5.3).

Ao analisar o quadro 5.3, é possível distinguir que o valor da produção é superior ao custo de importação que, por sua vez, é superior às receitas de exportação. Como se pode prever, devido à sua quantidade de produção superior, a região de Kano registou o valor de produção mais elevado, que se situou em 842 milhões de dólares. Katsina recuperou a posição seguinte com 511,9 milhões de dólares, Maiduguri 375,5 milhões de dólares, Sokoto 326,7 milhões de dólares, Gusau 292,2 milhões de dólares, Potiskum 109,9 milhões de dólares e Nguru 100,1 milhões de dólares. Além disso, Kano liderou o custo das importações com 261,5 milhões de dólares, seguido de Katsina, Maiduguri, Sokoto, Gusau, Potiskum e Nguru, com 31,1 milhões de dólares. As receitas de exportação seguem o mesmo caminho, com 364,3 mil dólares, 221,4 mil dólares, 162,4 mil dólares, 141,3 mil dólares, 126,4 mil dólares, 47,5 mil dólares e 43,2 mil dólares, respetivamente. O valor total da produção foi de 2,6 mil milhões de dólares, o custo de importação de 794,6 milhões de dólares e as receitas de exportação de 1,1 milhões de dólares (Tabela 5.3).

Tabela 5.3: Demanda virtual de água, balanço hídrico, pegada hídrica, valor da produção, custo de importação e receita de exportação das regiões semiáridas da Nigéria para o ano de 2013

Regiões Nome	VWD (m³ /yr)	NVWI (m³ /yr)	WP (m³ /yr)	Produção Valor ($)	Custo de importação ($)	Receitas de exportação ($)
Gusau	3,622,385,651	672,078,800	4,294,464,451	292,209,166	90,761,786	126,448
Kano	12,521,544,086	3,069,418,670	15,590,962,756	842,028,048	261,539,746	364,333
Katsina	6,523,754,007	1,596,154,548	8,119,908,555	511,886,141	158,995,364	221,399
Maiduguri	5,869,013,385	1,439,113,442	7,308,126,827	375,456,645	116,619,529	162,381
Nguru	1,196,000,272	291,102,264	1,487,102,536	100,100,560	31,091,845	43,247
Potiskum	1,459,134,481	362,155,507	1,821,289,989	109,901,608	34,135,493	47,483
Sokoto	4,712,629,262	1,155,679,982	5,868,309,244	326,694,329	101,473,382	141,259
Total	35,904,461,145	8,585,703,212	44,490,164,357	2,558,276,497	794,617,145	1,106,550

Os valores de produção das culturas, os custos de importação e as receitas de exportação em \$/m³ foram determinados para cada cultura em cada região e foram apresentados nos apêndices 1.4 a 7.4. Para a região de Gusau, o tabaco não manufaturado teve o maior valor de produção de 0,46 \$/m³ , os legumes frescos o maior em termos de importação e exportação com 14,08 \$/m³ , e 2,07 \$/m³ (apêndice 1.4). Kano também se encontra na mesma ordem, com tabaco 0,38 \$/m³ , e legumes 11,66 \$/m³ & 1,72 \$/m³ (apêndice 2.4). Katsina teve o maior valor de produção de 0,37 \$/m³ tabaco, depois legumes 11,77 \$/m³ e 1,73 \$/m³ (apêndice 3.4). Maiduguri foi semelhante, com tabaco 0,33 \$/m³ , legumes 10,58 \$/m³ , e 1,56 \$/m³ , respetivamente (apêndice 4.4). Em Nguru, o tabaco custava 0,35 \$/m³ , os legumes 11,67 \$/m³ e 1,72 (apêndice 5.4). Em Potiskum, os legumes tiveram o maior valor em todas as 3 regiões, com 0,33 \$/m³ , 11,87 \$/m³ , e 1,75\$/m³ respetivamente (apêndice 6.4). Em Sokoto, o tabaco teve o valor de produção mais elevado, com 0,36 \$/m³, , mas os legumes lideraram os custos de importação e as receitas de exportação, com 11,26 \$/m³ e 1,66 \$/m³ (apêndice 7.4).

Capítulo 6

Conclusões e recomendações

6.1 Conclusão

O conteúdo de água virtual das culturas variou em cada região da zona semi-árida da Nigéria devido à diferença nos parâmetros climatológicos. Observou-se que algumas culturas têm grandes necessidades de água mas, devido ao seu grande rendimento, possuem menos conteúdo de água virtual.

Com base nos resultados obtidos, deduziu-se que as circunstâncias que envolvem o volume de comércio virtual de água podem ser classificadas em circunstâncias reguladas e não reguladas. As circunstâncias reguladas incluem os tipos de culturas e as quantidades das suas importações e exportações. Por outro lado, as circunstâncias não regulamentadas são as temperaturas (máxima e mínima), a humidade, a velocidade do vento, as horas de sol e a radiação solar.

Com o avanço da tecnologia e uma maior sensibilização para as técnicas de produção agrícola, a Nigéria poderá em breve ser autossuficiente na produção de alimentos. Em 2013, a produção representava em média 81% da água virtual consumida, sendo apenas 19% importada através do comércio de água virtual. Graças às imensas contribuições para a produção alimentar, o país da zona semi-árida conseguiu produzir internamente culturas alimentares que foram consumidas num montante aproximado de 2,6 mil milhões de dólares e também recebeu rendimentos internos de 1,1 milhões de dólares, mas gastou 794,6 milhões de dólares na importação de alimentos. À medida que a capacidade de produção aumenta, haverá um aumento na geração de rendimentos e uma redução nas despesas alimentares através da importação e, consequentemente, resultará num crescimento do desenvolvimento.

Com o aumento da população mundial e o aquecimento global, a escassez de água tende a aumentar devido à crescente procura de água e à secagem das águas superficiais. Por conseguinte, deve ser dada atenção às regiões que necessitam de um mínimo de água azul para o cultivo das culturas, a fim de não esgotar os recursos hídricos. Consequentemente, entre as sete (7) regiões da zona semi-árida da Nigéria, Gusau é a região preferível para o cultivo de culturas devido à sua maior percentagem de água verde e ao mínimo de água azul utilizada e, por conseguinte, ao custo reduzido do fornecimento de água azul.

6.2 Recomendações

Após a conclusão desta investigação e dos resultados obtidos, foram formuladas as seguintes recomendações;

• Esta investigação limitou-se às regiões semi-áridas da Nigéria, devendo ser realizadas investigações semelhantes noutras regiões para determinar de que forma o grau de aridez influencia as produções, importações e exportações de água virtual na Nigéria.

• A investigação foi realizada especificamente para 2013. Deveriam ser realizadas mais investigações antes e depois de 2013, para descobrir como uma mudança na população (e possivelmente no clima) afecta o comércio virtual de água na Nigéria.

• O estudo baseou-se nas 25 culturas mais populosas da Nigéria, devendo ser acrescentadas mais culturas para futuras investigações.

• A investigação centrou-se nos produtos vegetais, devendo ser efectuada a mesma investigação sobre os produtos animais para conhecer o comércio virtual de água dos produtos animais na Nigéria.

• Tendo em conta os resultados obtidos nesta investigação, onde se revela que a maior parte da água utilizada foi água azul, a continuação das produções agrícolas acabará por esgotar a água azul disponível nas regiões, expondo assim as pessoas que vivem nas zonas a dificuldades desnecessárias devido à escassez de água para uso diário. As produções agrícolas nas regiões devem ser interrompidas ou reduzidas ao mínimo indispensável. Para as pessoas vulneráveis que não podem pagar ou cuja sobrevivência depende da agricultura, o governo deve conceber um meio de as apoiar e capacitar, inscrevendo-as em programas de aquisição de competências, concedendo-lhes empréstimos para iniciarem o comércio e muitas outras iniciativas que possam satisfazer as suas necessidades diárias. Ao fazê-lo, as regiões continuarão a ser áreas confortáveis para os seus habitantes, utilizando a pouca água disponível nas regiões para consumo e outras actividades diárias.

- Como a nação continua a registar um enorme crescimento da população, a procura de alimentos também está a aumentar. Por conseguinte, devem ser utilizados meios modernos e sofisticados, através de máquinas e equipamentos agrícolas avançados, para aumentar a atual capacidade de produção, de modo a que o país possa ser autossuficiente na produção de culturas e o dinheiro que poderia ter sido utilizado para a importação de alimentos seja canalizado para outras obras de infra-estruturas em benefício dos cidadãos.

Referência

Aldaya, M. M., Chapagain, A. K., Hoekstra, A. Y., & Mekonnen, M. M. (2012). *O manual de avaliação da pegada hídrica: Setting the global standard*. Routledge.

Allan, J. A. (1993). Felizmente existem substitutos para a água, caso contrário o nosso futuro hidropolítico seria impossível. In: *Priorities for water resources allocation and management*, pp. 13-26. ODA, Londres. .

Allan, J. A. (1994) Overall perspectives on countries and regions. In: *Water in the Arab World: perspectives and prognoses*, eds. P. Rogers e P. Lydon, pp. 65-100. Harvard University Press, Cambridge, Massachusetts.

Allan, J. A. (1999a) Global systems ameliorate local draughts: water food and trade. In: *Occasional Paper No 10*, Londres: Water Issues Study Group, SOAS, Universidade de Londres.

Allan, J. A. (1999b). Water stress and global mitigation: water food and trade. *Arid Lands Newsletter, 45.*

Allan, J. A. (2001) Virtual Water - economicamente invisível e politicamente silencioso - uma forma de resolver problemas estratégicos da água. *International Water and Irrigation* **21**(4): 39-41

Allen, T. (1998a). Watersheds and problem sheds: Explaining the absence of armed conflict over water in the Middle East. *Médio Oriente, 2*(1), 50.

Allen, R. G., Pereira, L. S., Raes, D., & Smith, M. (1998b). Crop evapotranspirationGuidelines for computing crop water requirements-FAO Irrigation and drainage paper 56. *FAO, Roma, 300*(9), D05109.

Anyadike, R. N. C. (1993). Variações sazonais e anuais da precipitação na Nigéria. *Revista Internacional de Climatologia, 13*(5), 567-580.

Benoit, G., & Comeau, A. (Eds.). (2005). *A sustainable future for the Mediterranean: the Blue Plan's environment and development outlook*. Routledge.

Cavanagh, J., & Mander, J. (2002). Dez princípios para sociedades sustentáveis.

Alternatives to Economic Globalization: a Better World Is Possible. Berrett-Koehler: São Francisco, 77-104.

CAWMA (Comprehensive Assessment of water Management in Agriculture), (2007). Water for Food Water for Life: A Comprehensive Assessment of Water Management in Agriculture. Earthscan Londres e Colombo. *Instituto Internacional de Gestão da Água* 22:127 - 129.

Cadoni, P., & Angelucci, F. (2013). Analysis of incentives and disincentives for rice in Nigeria (Análise de incentivos e desincentivos para o arroz na Nigéria). *Série de notas técnicas, MAFAP, FAO, Roma.*

Chapagain, A. K., & Hoekstra, A. Y. (2003, fevereiro). Virtual water trade: A quantification of virtual water flows between nations in relation to international trade of livestock and livestock products. Em *Virtual water trade. Actas da reunião internacional de peritos sobre o comércio virtual de água.*

Chapagain, A. K., Hoekstra, A. Y., & Savenije, H. H. (2005). Economizando água através do comércio global.

Chapagain, A. K. (2006). *Globalização da água: Opportunities and threats of virtual water trade.* TU Delft, Universidade de Tecnologia de Delft.

Chapagain, A. K., Hoekstra, A. Y., & Savenije, H. H. G. (2006). Economia de água através do comércio internacional de produtos agrícolas. *Hydrology and Earth System Sciences Discussions, 10*(3), 455-468.

Chapagain, A. K., & Hoekstra, A. Y. (2008). The global component of freshwater demand and supply: an assessment of virtual water flows between nations as a result of trade in agricultural and industrial products. *Water International, 33*(1), 19-32.

Chapagain, A. K., & Orr, S. (2009). Uma metodologia melhorada de pegada hídrica que liga o consumo global aos recursos hídricos locais: A case of Spanish tomatoes. *Journal of environmental management, 90*(2), 1219-1228.

Counce, P. A., Keisling, T. C., & Mitchell, A. J. (2000). Um sistema uniforme, objetivo e adaptativo para expressar o desenvolvimento do arroz. *Crop Science, 40*(2), 436-443.

Dalin, C., Konar, M., Hanasaki, N., Rinaldo, A., & Rodriguez-Iturbe, I. (2012). Evolução da rede global de comércio virtual de água. *Proceedings of the National Academy of Sciences, 109*(16), 5989-5994.

Daveri, F., Manasse, P. e Serra, D. (2003) The Twin Effects of Globalization. *Documento de trabalho n.º 3154*, Washington DC: Banco Mundial.

Dicken, P. (1992) *Global shift: the internationalization of economic activity*. London: Paul Chapman Publishing Ltd.

Ellwood, W. (2006) *The no-nonsense guide to globalization*. REINO UNIDO: New Internationalist Publications Ltd. em associação com a Verso.

El-Sadek, A. (2010). O comércio virtual de água como solução para a escassez de água no Egito. *Water Resources Management, 24*(11), 2437-2448.

Ercin, A. E., Mekonnen, M. M., & Hoekstra, A. Y. (2012). The water footprint of France, Value of Water Research Report Series No. 56.

Falkenmark, M. (1995). Land water leakages: a synopsis In: Land and Water Integration and River Basin Management, proceedings of an FAO informal workshop Rome, Italy, 31 January - 2 February 1993, pp 15-16.

FAO (Organização das Nações Unidas para a Alimentação e a Agricultura) AQUASTAT (2005). Geografia, Clima e População. Sistema de Informação da FAO sobre Água e Agricultura. http : //www.fao.org/nr/water/aquastat/countries_re gions/nga/index.stm

FAO (Organização das Nações Unidas para a Alimentação e a Agricultura), (1992). Rhoades, J. D., Kandiah, A., & Mashali, A. M. The use of saline waters for crop production. Roma: 133p. FAO. *Irrigation and Drainage Paper, 48*.

FAO (Organização das Nações Unidas para a Alimentação e a Agricultura) (1994). Review of Consultative Group on International Agricultural Research (CGIAR) Technical Advisory Committee. *Departamento de Gestão dos Recursos Naturais e do Ambiente.* http://www.fao.org/wairdocs/tac/x5756e/x5756e00.htm#Contents

FAO (Organização das Nações Unidas para a Alimentação e a Agricultura) (2001a). Agricultura, Alimentação e Nutrição para África. Rome.

FAO (Organização das Nações Unidas para a Alimentação e a Agricultura) (2001b). Comércio de tomates http : //www.fao.org

FAO (Divisão de Estatística da Organização das Nações Unidas para a Alimentação e a Agricultura) (2001c) Cabbage production and trade http : //www.fao.org

FAO (Organização das Nações Unidas para a Alimentação e a Agricultura) (2002). AMENDOIM - Operações pós-colheita. Centro Nacional de Investigação do Amendoim (ICAR) (www.icar.org.in)

FAO (Organização das Nações Unidas para a Alimentação e a Agricultura) (2003). Bases de dados estatísticos da FAO. http://apps.fao.org

FAO (Organização das Nações Unidas para a Alimentação e a Agricultura) 2015a. Software CROPWAT 8.0: Um Programa de Computador para o Planeamento e Gestão da Irrigação.

FAO (Organização das Nações Unidas para a Alimentação e a Agricultura) 2015b. CLIMWAT 2.0 para CROPWAT: Uma base de dados climáticos para o planeamento e gestão da irrigação.

FAO (Organização das Nações Unidas para a Alimentação e a Agricultura) 2015a. World Banana Production, exports, and Imports (Produção, exportações e importações mundiais de banana). http://faostat3.fao.org.

FAO (Organização das Nações Unidas para a Alimentação e a Agricultura) 2015b. Análise do mercado da banana 2013 - 2014.

FAOSTAT (Organização das Nações Unidas para a Alimentação e a Agricultura - Divisão de Estatística) (1997). Base de dados estatísticos em linha. http://www.apps.fao.org

FAOSTAT ((Organização das Nações Unidas para a Alimentação e a Agricultura - Divisão de Estatística) (2001) Sugarcane/Sugarbeet trade http : //www.faostat3.fao.org

FAOSTAT (Divisão de Estatística da Organização das Nações Unidas para a Alimentação e a Agricultura) (2009). Bases de dados estatísticas. *Organização das Nações Unidas para a Alimentação e a Agricultura.*

FAOSTAT (Organização das Nações Unidas para a Alimentação e a Agricultura - Divisão de Estatística). (2011). Pimenta http://faostat.fao.org

FAOSTAT (Divisão de Estatística da Organização das Nações Unidas para a Alimentação e a Agricultura) 2012. http://www. http://faostat.fao. org/site/291 /default.aspx

FAOSTAT (Organização das Nações Unidas para a Alimentação e a Agricultura - Divisão de Estatística) 2015a. População estimada e projectada dos países africanos.

http://faostat3 .fao.org/home/E

FAOSTAT (Divisão de Estatística da Organização das Nações Unidas para a Alimentação e a Agricultura) 2015b. Dados sobre o rendimento das culturas http://faostat3 .fao.org/home/E

FAO/OMS (Organização das Nações Unidas para a Alimentação e a Agricultura/Organização Mundial de Saúde) (2001). Comité de Peritos em Aditivos Alimentares. Reunião, & Organização Mundial de Saúde. *Safety evaluation of certain mycotoxins in food* (Vol. 74). Food & Agriculture Org.

Fraiture, C., Cai, X., Amarasinghe, U., Rosegrant, M., & Molden, D. (2004). *Does international cereal trade save water?: the impact of virtual water trade on global water use* (Vol. 4). Iwmi.

Gallopin, G. C. e Rijsberman, F. (2000). Três cenários globais. *International Journal of Water* **1**(1): 16-40.

Garrido, A., & Dinar, A. (Eds.). (2009). *Managing water resources in a time of global change: mountains, valleys and flood plains.* Routledge.

Garrido, A., Llamas, M. R., Varela-Ortega, C., Novo, P., Rodriguez-Casado, R., &

Aldaya, M. M. (2010). *Pegada hídrica e comércio virtual de água em Espanha: Policy implications* (Vol. 35). Springer Science & Business Media.

Gleick, P., Wolff, G., Chalecki, E., & Reyes, R. (2002). Globalization and international trade of water (Globalização e comércio internacional de água). *The world's water: the biennial report on freshwater resources*, *2003*, 33-56.

Gumaraes, E., Ruane, J., Scherf, B., Sonnino, A., e Dargie, J. (2009). Marker-assisted selection - Current status and future perspectives in crops, livestock, forestry and fish (Seleção assistida por marcadores - Situação atual e perspectivas futuras em culturas, pecuária, silvicultura e peixes). *FAO Roma.*

Haddadin, M. J. (2003) A água exógena: Um canal para a globalização dos recursos hídricos. *Virtual water trade: Proceedings of the International Expert Meeting on Virtual Water Trade, Value of Water Research Report Series No. 12*, ed. A. Y. Hoekstra, Delft, Países Baixos: UNESCO-IHE

Hernandez-Mora, N., Llamas, R., & Cortina, L. M. (2001). Equívocos na sobre-exploração de aquíferos: Implications for Water Policy in Southern Europe. Em *Agricultural use of groundwater* (pp. 107-126). Springer Netherlands.

Hoekstra, A. Y. (1998) *Perspectives on water: an integrated model-based exploration of the future*. Utrecht, Países Baixos: International Books.

Hoekstra, A. Y. (2003). Água virtual: Uma introdução. *Comércio de água virtual*. Actas da Reunião Internacional de Peritos sobre o Comércio de Água Virtual. Value of Water Research Report Series N0.12, 13. IHE Delft, Países Baixos.

Hoekstra, A.Y. (2007*) Human appropriation of natural capital: Comparing ecological footprint and water footprint analysis*. Value of Water Research Report series No.23, UNESCO-IHE, Delft, Países Baixos.

Hoekstra, A. (2010). *The relation between international trade and freshwater scarcity* (No. ERSD-2010-05). Documento de trabalho da equipa da OMC.

Hoekstra, A. Y., & Chapagain, A. K. (2006). The water footprints of Morocco and the Netherlands (As pegadas hídricas de Marrocos e dos Países Baixos).

Hoekstra, A. Y. e Chapagain, A. K. (2008) Globalization of Water: Sharing the Planet's Freshwater Resources, Blackwell Publishing, Oxford

Hoekstra, A. Y., & Hung, P. Q. (2002). Virtual water trade. *Uma quantificação dos fluxos de água virtual entre nações em relação ao comércio internacional de culturas. Value of water research report series, 11*, 166.

Hoekstra, A. Y. e Hung, P. Q., (2003), "Virtual water trade: A quantification of virtual water flows between nations in relation to international crop trade, Virtual water trade,' A. Y. Hoekstra (ed.), *Proceedings of the International Expert Meeting on Virtual Water Trade*, Value of Water Research Report series # 12.

Hoekstra, A. Y., & Hung, P. Q. (2005). Globalização dos recursos hídricos: fluxos internacionais de água virtual em relação ao comércio de culturas. *Global environmental change, 15*(1), 45-56.

IFPRI (The International Food Policy Research Institute) (2010). Wood, S., Hyman, G., Deichmann, U., Barona, E., Tenorio, R., Guo, Z., & Marin, J. Sub-national poverty maps for the developing world using international poverty lines: Preliminary data release. *Harvest Choice.*

Jiang, Y. (2009). China's water scarcity (A escassez de água na China). *Journal of Environmental Management, 90*(11), 3185-3196.

Liu, J., Zehnder, A. J., & Yang, H. (2007). Tendências históricas do comércio virtual de água na China. *Water International, 32*(1), 78-90.

Liu, J., Yang, H., & Savenije, H. H. G. (2008). China's move to higher meat diet hits water security. *Nature, 454*(7203), 397-397.

Liu, J., Zang, C., Tian, S., Liu, J., Yang, H., Jia, S., & Zhang, M. (2013). Projectos de conservação da água na China: realizações, desafios e caminho a seguir. *Global Environmental Change, 23*(3), 633-643.

Manyong, V.M., A. Ikpi, J.K. Olayemi, S.A. Yusuf, B.T. Omonona, V. Okoruwa, e F.S. Idachaba. 2005. Agriculture in Nigeria: identifying opportunities for increased commercialization and investment. IITA, Ibadan, Nigéria. 159p.

Mekonnen, M. M., & Hoekstra, A. Y. (2011). Contas nacionais da pegada hídrica: a pegada hídrica verde, azul e cinzenta da produção e do consumo.

Montiel, P. J., & Banco Mundial. (1999). *Desalinhamento da taxa de câmbio: conceitos e medição para os países em desenvolvimento*. Banco Mundial.

National Bureau of Statistics (2005/2006) Poverty Profile for Nigeria, Abuja.

Novo, P., Garrido, A., & Varela-Ortega, C. (2009). Os "fluxos" virtuais de água no comércio espanhol de cereais são consistentes com a escassez relativa de água? *Ecological Economics*, *68*(5), 14541464.

Ogbonna, O., Jimoh, W. L., Awagu, E. F., & Bamishaiye, E. I. (2011). Determinação de alguns elementos vestigiais em amostras de água na metrópole de Kano. *Biblioteca de Investigação Pelagia*, 0976-8610.

Oki, T., Sato, M., Kawamura, A., Miyake, M., Kanae, S., & Musiake, K. (2003, fevereiro). Comércio virtual de água para o Japão e no mundo. Em *Hoekstra, AY 'Virtual water trade: Proceedings of the International Expert Meeting on Virtual Water Trade", Value of Water Research Report Series* (No. 12).

Oxfam (2003) *EU Hypocrisy Unmasked: Porque é que a política comercial da UE prejudica o desenvolvimento*. Bruxelas: Gabinete de Advocacia da UE da Oxfam International.

Ozkaynak, B., Pinter, L., & van Vuuren, D. P. (2012). Cenários e transformação da sustentabilidade.

Pattee, H. E., & Young, C. T. (1982). Peanut science and technology (Ciência e tecnologia do amendoim). Sociedade Americana de Pesquisa e Educação do Amendoim.

Recenseamento da População e das Habitações (2006). http://www.population. gov.ng

Renault, D. (2003) O valor da água virtual na alimentação: Princípios e virtudes. *Virtual water trade: Proceedings of the International Expert Meeting on Virtual Water Trade, Value of Water Research Report Series No 12*, ed. A. Y. Hoekstra, Delft, Países

Baixos: UNESCO-IHE.

Rennen, W.,   & Martens, P. (2003). A linha do tempo da globalização. *Integrado Avaliação*, *4*(3), 137-144.

Rosegrant, M. W. e Ringler, C. (1999) Impact on food security and rural development of reallocating water from agriculture. Washington DC: IFPRI.

Savenije, H. H. G. (2004) The role of green water in food production in sub-saharan Africa.*http://www. wca-infonet.org/cds upload/documents/1352.Role of green water.pdf*

Shi, J., Liu, J., & Pinter, L. (2014). Evolução recente do comércio virtual de água da China: análise de culturas selecionadas e considerações para a política. *Hydrology and Earth System Sciences*, *18*(4), 1349-1357.

Shiklomanov, I. A. (1997). Comprehensive assessment of the freshwater resources of the world (Avaliação abrangente dos recursos de água doce do mundo). *Organização Meteorológica Mundial*, 88.

Shuval, H. (1998) A revaluation of conventional wisdom on water security, food security, and water stress in arid countries in the Middle East. *Workshop sobre a água: Averting a water crisis in the Middle East - make water a medium of cooperation rather than conflict, 18 de março de 1998*, Genebra: Cruz Verde e Programa Hidrológico Internacional da UNESCO.

Shuval, H. (2007). 'Virtual Water'in the Water Resource Management of the Arid Middle East. Em *Water Resources in the Middle East* (*Recursos Hídricos no Médio Oriente*) (pp. 133-139). Springer Berlin Heidelberg.

Tarhule, A., & Woo, M. K. (1998). Alterações nas caraterísticas da precipitação no norte da Nigéria. *Jornal Internacional de Climatologia*, *18*(11), 1261-1271.

UNESCO-WWAP (The United Nations Educational, Scientific and Cultural Organization/The World Water Assessment Programme) (2003) *Water for people, water for life - United Nations World Water Development Report*. Paris: UNESCO

Publishing.

Relatório da ONU (Nações Unidas) (2015). ONU prevê que a população mundial atinja 8,5 mil milhões de pessoas até 030, impulsionada pelo crescimento nos países em desenvolvimento

http://www.un.org/apps/news/story.asp?NewsID=51526#.Vy604PI97IU

USAID (Agência dos Estados Unidos para o Desenvolvimento Internacional), U. (2009). Relatório trimestral do OTI Uganda. *Washington, DC, janeiro-março*.

Watkins, K., & Fowler, P. (2002). *Rigged rules and double standards: Trade,*

A globalização e a luta contra a pobreza. Oxfam.

Wichelns, D. (2001) The role of 'virtual water' in efforts to achieve food security and other national goals, with an example from Egypt. *Agricultural Water Management* 49(2): 131-151.

OMS (Organização Mundial de Saúde) (1994), Prevention of diabetes mellitus. Série de Relatórios Técnicos no. 844. Organização Mundial de Saúde, Genebra.

Organização Meteorológica Mundial (OMM), Programa das Nações Unidas para o Ambiente (PNUA), Climate Change 2001: Impacts, Adaptation, and Vulnerability, Contribuição do Grupo de Trabalho II para o Terceiro Relatório de Avaliação do Painel Intergovernamental sobre as Alterações Climáticas (IPCC). http : //www.grida.no/graphicslib/detail/aridity-zones a6d3

Yang, H., & Zehnder, A. (2001). China's regional water scarcity and implications for grain supply and trade (Escassez regional de água na China e implicações para o abastecimento e o comércio de cereais). *Ambiente e Planeamento A, 33*(1), 79-95.

Yang, H., Wang, L., Abbaspour, K. C., & Zehnder, A. J. (2006). Virtual water trade: an assessment of water use efficiency in the international food trade. *Hydrology and Earth System Sciences Discussions, 10*(3), 443-454.

Zimmer, D., & Renault, D. (2003). Virtual water in food production and global trade: Revisão de questões metodológicas e resultados preliminares. Em *Virtual water trade:*

Proceedings of the International Expert Meeting on Virtual Water Trade, Value of Water Research Report Series (Vol. 12, No. 1, pp. 1-19).

Apêndices

Appendix 1

Gusau Região

1.1: Área colhida, necessidades hídricas da cultura, rendimento e teor de água virtual

Categoria Crope	Tipo de cultura	Área colhida (ha)	CWR (m3/ha)	Rendimento (ton/ha)	VWC (m3/ton)
Grãos	Trigo	1,882	3,888	1	3,888
	Trigo de inverno	0	14,601	1	14,601
	Arroz	68,783	7,390	1.65	4,479
	Milho	135,741	6,361	1.46	4,357
	painço	35,084	6,070	0.61	9,951
	Sorgo	128,570	4,590	0.97	4,732
	Cevada	0	4,257	2.69	1,583
Legumes	Tomate	6,404	7,667	5.75	1,333
	Couve	0	8,366	14.78	566
	Batata	6,206	7,993	4.55	1,757
	Legumes frescos nes	17,415	4,027	8.35	482
Frutos e nozes	Banana 1	0	15,817	20.51	771
	Banana 2	0	17,220	20.51	840
	Manga	3,058	20,838	6.54	3,186
	Citrinos	18,706	14,295	4.78	2,991
	Tâmaras (Tamareira)	0	20,432	2.7	7,567
Culturas oleaginosas	Amendoim	63,983	6,604	0.91	7,257
	Soja	16,036	2,490	0.76	3,276
Outras culturas	Pimenta	0	7,957	0.49	16,239
	Cana-de-açúcar	1,747	24,031	19.6	1,226
	beterraba sacarina	0	10,092	14.34	704
	Feijão seco	0	3,978	0.84	4,736
	Feijão Verde	0	4,252	7.84	542
	Tabaco não manufaturado	433	3,489	0.95	3,673
	Impulsos	87,667	4,954	1.26	3,932

1.2: Quantidade produzida, quantidade importada, quantidade exportada, procura virtual de água, importação virtual de água e exportação virtual de água.

Tipo de cultura	Q.produzir (ton/ano)	Q. de importação (Ton/ano)	Q. de exportação (ton/ano)	DVE (m3/ano)	Importação VWT (m3/ano)	Exportação VWT (m3/ano)
Trigo	1,882	102,562	2	7,318,771	398,761,056	9,331
Trigo de inverno	0	0	0	0	0	0
Arroz	113,492	51,468	3	508,306,146	230,513,359	15,228
Milho	198,182	28	177	863,447,368	122,863	772,034
painço	21,402	5	46	212,962,467	48,759	460,723
Sorgo	124,713	1	91	590,136,300	3,312	429,662
Cevada	0	7	0	0	11,394	0
Tomate	36,824	1	1	49,100,401	1,867	933
Couve	0	0	0	0	57	0
Batata	28,235	6	52	49,601,220	10,540	90,646
Legumes frescos nes	145,413	7	2	70,128,927	3,472	723
Banana 1	0	0	0	0	0	0
Banana 2	0	0	0	0	0	0
Manga	20,000	0	3	63,725,089	0	8,603
Citrinos	89,412	0	0	267,395,152	0	0
Tâmaras (Tamareira)	0	93	0	0	701,499	0
Amendoim	58,225	184	29	422,544,240	1,331,686	209,006
Soja	12,187	300	207	39,929,771	983,550	678,525
Pimenta	0	35	0	0	566,733	0
Cana-de-açúcar	34,236	32,740	0	41,975,168	40,141,333	0
beterraba sacarina	0	0	0	0	0	0
Feijão seco	0	4	0	0	20,364	0
Feijão Verde	0	0	0	0	0	0
Tabaco Não fabricado	412	423	0	1,512,390	1,553,890	1,469
Impulsos	110,460	7	12	434,302,239	27,129	47,181

1.3: Eff. Precipitação, Act. Irrigação necessária, teor de água virtual verde, teor de água virtual azul, procura de água virtual verde, procura de água virtual azul e procura de água virtual cinzenta.

Tipo de cultura	Chuva efectiva (m3/ha)	Act.Irrigat. (m3/ha)	GVWC (m3/ton)	BVWC (m3/ton)	GVWD (m3/ano)	BVWD m3/ano)	GRVWD (m3/ano)
Trigo	3,888	0	3,888	0	7,318,771	0	0
Trigo de inverno	1,974	12,620	1,974	12,620	0	0	0
Arroz	3,779	3,611	2,290	2,188	259,930,842	248,375,304	0
Milho	1,938	4,423	1,327	3,029	263,065,713	600,381,655	0
painço	75	5,995	123	9,828	2,631,332	210,331,135	0
Sorgo	3,327	1,263	3,430	1,302	427,752,390	162,383,910	0
Cevada	3,611	647	1,342	241	0	0	0
Tomate	2,621	5,045	456	877	16,785,203	32,308,794	6,404
Couve	1,003	7,363	68	498	0	0	0
Batata	110	7,883	24	1,733	682,614	48,918,606	0
Legumes frescos nes	2,220	1,807	266	216	38,660,595	31,468,332	0
Banana 1	3,990	11,820	195	576	0	0	0
Banana 2	2,144	15,070	105	735	0	0	0
Manga	6,993	13,840	1,069	2,116	21,385,428	42,324,371	15,291
Citrinos	4,118	10,170	862	2,128	77,029,258	190,234,956	130,939
Tâmaras (Tamareira)	6,156	14,270	2,280	5,285	0	0	0
Amendoim	2,184	4,420	2,400	4,857	139,739,040	282,805,200	0
Soja	2,490	0	3,276	0	39,929,771	0	0
Pimenta	151	7,806	308	15,931	0	0	0
Cana-de-açúcar	4,567	19,460	233	993	7,977,221	33,990,961	6,987
beterraba sacarina	1,024	9,068	71	632	0	0	0
Feijão seco	3,595	383	4,280	456	0	0	0
Feijão Verde	615	3,637	78	464	0	0	0
Tabaco Não fabricado	3,307	182	3,481	192	1,433,497	78,892	0
Impulsos	2,283	2,671	1,812	2,120	200,143,725	234,158,515	0

1.4: Valor da produção, custo de importação e receita de exportação em dólares e dólares por metro cúbico

Tipo de cultura	Produção V. ($)	Custo de importação ($)	Receitas de exportação ($)	Produção V. ($/m3)	Custo de importação ($/m3)	Receitas de exportação ($/m3)
Trigo	207,064	36,922,320	600	0.03	0.09	0.06
Trigo de inverno	0	0	0	0	0	0
Arroz	29,961,862	37,020,789	2,102	0.06	0.16	0.14
Milho	23,781,792	35,250	8,258	0.03	0.29	0.01
painço	20,010,403	303	2,449	0.09	0.01	0.01
Sorgo	21,450,619	1,167	5,512	0.04	0.35	0.01
Cevada	0	2,585	0	0	0.23	0
Tomate	13,624,769	4,603	45	0.28	2.47	0.05
Couve	0	520	0	0.00	9.19	0
Batata	3,642,367	5,882	3,689	0.07	0.56	0.04
Legumes frescos nes	27,337,569	48,881	1,500	0.39	14.08	2.07
Banana 1	0	0	0	0	0	0
Banana 2	0	0	0	0	0	0
Manga	11,980,060	0	1,010	0.19	0.00	0.12
Citrinos	40,414,360	0	0	0.15	0.00	0.00
Tâmaras (Tamareira)	0	21,228	0	0	0.03	0
Amendoim	30,102,118	150,562	20,635	0.07	0.11	0.10
Soja	3,363,722	169,883	72,961	0.08	0.17	0.11
Pimenta	0	49,418	0	0.00	0.09	0.00
Cana-de-açúcar	1,095,536	14,110,854	0	0.03	0.35	0
beterraba sacarina	0	0	0	0	0	0
Feijão seco	0	7,822	0	0.00	0.38	0.00
Feijão Verde	0	0	0	0	0	0
Tabaco não manufaturado	694,913	2,197,116	675	0.46	1.41	0.46
Impulsos	64,542,012	12,603	7,012	0.15	0.46	0.15

Appendix 2

Região de Kano

2.1: Área colhida, necessidades hídricas da cultura, rendimento e teor de água virtual

Categoria Crope	Tipo de cultura	Área colhida (ha)	CWR (m3/ha)	Rendimento (ton/ha)	VWC (m3/ton)
Grãos	Trigo	5,424	7,142	1	7,142
	Trigo de inverno	0	16,566	1	16,566
	Arroz	198,205	9,097	1.65	5,513
	Milho	391,150	7,704	1.46	5,277
	painço	101,099	6,580	0.61	10,787
	Sorgo	370,487	5,587	0.97	5,760
	Cevada	0	8,449	2.69	3,141
Legumes	Tomate	18,454	9,240	5.75	1,607
	Couve	0	9,244	14.78	625
	Batata	17,882	8,707	4.55	1,914
	Legumes frescos nes	50,182	4,862	8.35	582
Frutos e nozes	Banana 1	0	17,864	20.51	871
	Banana 2	0	18,916	20.51	922
	Manga	8,812	23,607	6.54	3,610
	Citrinos	53,902	16,087	4.78	3,365
	Tâmaras (Tamareira)	0	23,175	2.7	8,583
Culturas oleaginosas	Amendoim	184,373	8,005	0.91	8,797
	Soja	46,209	3,035	0.76	3,993
Outras culturas	Pimenta	0	8,701	0.49	17,757
	Cana-de-açúcar	5,033	27,375	19.6	1,397
	beterraba sacarina	0	7,815	14.34	545
	Feijão seco	0	7,774	0.84	9,255
	Feijão Verde	0	4,576	7.84	584
	Tabaco não manufaturado	1,249	4,246	0.95	4,469
	Impulsos	252,621	6,043	1.26	4,796

2.2: Quantidade produzida, quantidade importada, quantidade exportada, procura virtual de água, importação virtual de água e exportação virtual de água.

Tipo de cultura	Q.produzir (ton/ano)	Q. de importação (Ton/ano)	Q. de exportação (ton/ano)	VWD (m3/ano)	Importação de VWT (m3/ano)	Exportação de VWT (m3/ano)
Trigo	5,424	295,542	7	38,739,636	2,110,763,107	48,566
Trigo de inverno	0	0	0	0	0	0
Arroz	327,038	148,309	10	1,803,067,853	817,679,159	54,031
Milho	571,079	81	511	3,013,419,600	429,524	2,694,289
painço	61,671	14	133	665,232,607	153,174	1,437,892
Sorgo	359,372	2	262	2,069,909,199	11,520	1,506,762
Cevada	0	21	0	0	65,016	0
Tomate	106,111	4	2	170,515,924	6,428	3,375
Couve	0	0	0	0	188	0
Batata	81,363	17	149	155,698,574	32,914	284,748
Legumes frescos nes	419,020	21	4	243,985,117	12,170	2,504
Banana 1	0	0	0	0	0	0
Banana 2	0	0	0	0	0	0
Manga	57,632	0	8	208,031,093	0	28,155
Citrinos	257,650	0	0	867,115,887	0	0
Tâmaras (Tamareira)	0	267	0	0	2,291,750	858
Amendoim	167,780	529	83	1,475,907,360	4,652,576	730,126
Soja	35,119	865	597	140,244,954	3,454,309	2,382,874
Pimenta	0	101	0	0	1,786,369	0
Cana-de-açúcar	98,653	94,343	0	137,786,755	131,767,048	0
beterraba sacarina	0	0	0	0	0	0
Feijão seco	0	12	0	0	113,834	0
Feijão Verde	0	0	0	0	0	0
Tabaco Não fabricado	1,187	1,219	1	5,303,031	5,449,182	4,916
Impulsos	318,302	20	35	1,526,586,497	95,441	165,943

2.3: Precipitação efectiva, necessidades reais de irrigação, teor de água virtual verde, teor de água virtual azul, necessidades de água virtual verde, necessidades de água virtual azul e necessidades de água virtual cinzenta.

Tipo de cultura	Chuva efectiva (m3/ha)	Act.Irrigat. (m3/ha)	GVWC (m3/ton)	BVWC (m3/ton)	GVWD (m3/ano)	BVWD m3/ano)	G_R VWD (m3/ano)
Trigo	1,753	5,388	1,753	5,388	9,508,623	29,225,590	5,424
Trigo de inverno	1,349	15,210	1,349	15,210	0	0	0
Arroz	3,305	5,792	2,003	3,510	655,066,423	1,148,001,429	0
Milho	1,461	6,243	1,001	4,276	571,470,150	2,441,949,450	0
painço	22	6,558	36	10,751	2,224,182	663,008,425	0
Sorgo	2,587	3,000	2,667	3,093	958,449,096	1,111,460,103	0
Cevada	689	7,760	256	2,885	0	0	0
Tomate	2,423	6,817	421	1,186	44,714,295	125,801,629	0
Couve	932	8,312	63	562	0	0	0
Batata	53	7,721	63	9,192	0	0	0
Legumes frescos nes	1,871	2,991	224	358	93,890,612	150,094,505	0
Banana 1	3,916	13,940	191	680	0	0	0
Banana 2	2,189	16,720	107	815	0	0	0
Manga	6,311	17,290	965	2,644	55,614,192	152,364,027	52,874
Citrinos	5,897	17,270	2,184	6,396	0	0	485,115
Tâmaras (Tamareira)	1,547	6,458	1,700	7,097	285,225,320	1,190,682,040	0
Amendoim	2,908	126	3,826	166	134,376,384	5,822,361	0
Soja	428	8,273	873	16,884	0	0	46,209
Pimenta	4,871	22,500	249	1,148	24,517,234	113,249,388	0
Cana-de-açúcar	4,345	3,470	303	242	0	0	20,133
beterraba sacarina	98	8,609	22	1,892	1,752,436	153,946,138	0
Feijão seco	742	3,834	95	489	0	0	0
Feijão Verde	4,328	11,750	905	2,458	233,286,353	633,344,419	0
Tabaco Não fabricado	4,011	235	4,222	247	5,009,528	293,503	0
Impulsos	1,886	4,157	1,497	3,299	476,442,517	1,050,143,979	0

2.4: Valor de produção, custo de importação e receita de exportação em dólares e dólares por metro cúbico

Tipo de cultura	Produção V. ($)	Custo de importação ($)	Receitas de exportação ($)	Produção V. ($/m3)	Custo de importação ($/m3)	Receitas de exportação ($/m3)
Trigo	596,662	106,395,228	1,700	0.02	0.05	0.04
Trigo de inverno	0	0	0	0	0	0
Arroz	86,337,953	106,678,951	6,057	0.05	0.13	0.11
Milho	68,529,480	101,750	23,794	0.02	0.24	0.01
painço	57,661,918	879	7,052	0.09	0.01	0
Sorgo	61,812,001	3,333	15,879	0.03	0.29	0.01
Cevada	0	7,431	0	0	0.11	0
Tomate	39,261,107	13,152	135	0.23	2.05	0.04
Couve	0	1,560	0	0	8.31	0
Batata	10,495,840	16,861	10,639	0.07	0.51	0.04
Legumes frescos nes	78,775,779	141,890	4,300	0.32	11.66	1.72
Banana 1	0	0	0	0	0	0
Banana 2	0	0	0	0	0	0
Manga	34,521,688	0	2,917	0.17	0	0.10
Citrinos	116,457,755	0	0	0.13	0	0
Tâmaras (Tamareira)	0	61,143	100	0	0.03	0.12
Amendoim	86,742,053	433,962	59,470	0.06	0.09	0.08
Soja	9,692,844	489,504	210,217	0.07	0.14	0.09
Pimenta	0	142,450	0	0	0.08	0
Cana-de-açúcar	3,156,890	40,661,747	0	0.02	0.31	0.00
beterraba sacarina	0	0	0	0	0	0
Feijão seco	0	22,374	0	0	0.20	0
Feijão Verde	0	0	0	0	0	0
Tabaco não manufaturado	2,002,219	6,331,184	1,856	0.38	1.16	0.38
Impulsos	185,983,859	36,347	20,217	0.12	0.38	0.12

Appendix 3

Região de Katsina

3.1: Superfície colhida, necessidades hídricas das culturas, rendimento e teor de água virtual

Crope Categoria	Tipo de cultura	Área colhida (ha)	CWR (m3/ha)	Rendimento (ton/ha)	VWC (m3/ton)
Grãos	Trigo	3,298	6,156	1	6,156
	Trigo de inverno	0	12,201	1	12,201
	Arroz	120,493	7,779	1.65	4,715
	Milho	237,788	6,514	1.46	4,462
	painço	61,460	4,317	0.61	7,077
	Sorgo	225,227	5,302	0.97	5,466
	Cevada	0	5,227	2.69	1,943
Legumes	Tomate	11,219	8,022	5.75	1,395
	Couve	0	6,668	14.78	451
	Batata	10,871	5,508	4.55	1,211
	Legumes frescos nes	30,507	4,818	8.35	577
Frutos e nozes	Banana 1	0	12,962	20.51	632
	Banana 2	0	14,424	20.51	703
	Manga	5,357	18,095	6.54	2,767
	Citrinos	32,768	12,485	4.78	2,612
	Tâmaras (Tamareira)	0	17,367	2.7	6,432
Culturas oleaginosas	Amendoim	112,084	6,853	0.91	7,531
	Soja	28,092	4,183	0.76	5,504
Outras culturas	Pimenta	0	6,638	0.49	13,547
	Cana-de-açúcar	3,060	20,338	19.6	1,038
	beterraba sacarina	0	7,571	14.34	528
	Feijão seco	0	4,862	0.84	5,788
	Feijão Verde	0	4,127	7.84	526
	Tabaco não manufaturado	759	4,368	0.95	4,598
	Impulsos	153,573	5,233	1.26	4,153

3.2: Quantidade produzida, quantidade importada, quantidade exportada, procura virtual de água, importação virtual de água e exportação virtual de água.

Tipo de cultura	Q.produzir (ton/ano)	Q. de importação (Ton/ano)	Q. de exportação (ton/ano)	VWD (m3/ano)	Importação de VWT (m3/ano)	Exportação de VWT (m3/ano)
Trigo	3,298	179,666	4	20,299,410	1,106,025,127	25,240
Trigo de inverno	0	0	0	0	0	0
Arroz	198,813	90,160	6	937,312,454	425,064,833	27,816
Milho	347,171	50	310	1,548,951,567	220,851	1,384,894
painço	37,491	9	81	265,324,235	61,570	573,241
Sorgo	218,470	1	159	1,194,150,876	6,559	869,091
Cevada	0	13	0	0	24,483	0
Tomate	64,507	2	1	89,995,818	3,348	1,814
Couve	0	0	0	0	90	0
Batata	49,462	11	91	59,876,560	12,711	109,555
Legumes frescos nes	254,731	13	3	146,981,255	7,328	1,500
Banana 1	0	0	0	0	0	0
Banana 2	0	0	0	0	0	0
Manga	35,036	0	5	96,937,737	0	13,004
Citrinos	156,631	0	0	409,107,592	0	0
Tâmaras (Tamareira)	0	162	0	0	1,043,950	0
Amendoim	101,997	322	51	768,112,857	2,421,142	380,304
Soja	21,350	526	363	117,507,075	2,893,976	1,996,282
Pimenta	0	61	0	0	827,718	0
Cana-de-açúcar	59,973	57,353	0	62,231,271	59,512,412	0
beterraba sacarina	0	0	0	0	0	0
Feijão seco	0	8	0	0	43,411	0
Feijão Verde	0	0	0	0	0	0
Tabaco Não fabricado	721	741	1	3,316,461	3,407,960	3,219
Impulsos	193,502	12	21	803,648,838	50,253	87,217

3.3: Precipitação efectiva, necessidades reais de irrigação, teor de água virtual verde, teor de água virtual azul, necessidades de água virtual verde, necessidades de água virtual azul e necessidades de água virtual cinzenta.

Tipo de cultura	Chuva efectiva (m3/ha)	Act.Irrigat. (m3/ha)	GVWC (m3/ton)	BVWC (m3/ton)	GVWD (m3/ano)	BVWD m3/ano	GRVWD (m3/ano)
Trigo	1,074	5,082	1,074	5,082	3,541,515	16,757,895	0
Trigo de inverno	1,020	11,180	1,020	11,180	0	0	0
Arroz	63	7,716	38	4,676	7,591,038	929,721,416	0
Milho	1,045	5,469	716	3,746	248,488,546	1,300,463,022	0
painço	3	4,314	5	7,072	184,381	265,139,854	0
Sorgo	2,720	2,582	2,804	2,662	612,616,066	581,534,810	0
Cevada	3,524	1,703	1,310	633	0	0	0
Tomate	1,778	6,244	309	1,086	19,946,717	70,049,101	0
Couve	853	5,815	58	393	0	0	0
Batata	50	5,458	11	1,200	543,542	59,333,018	0
Legumes frescos nes	1,327	3,491	159	418	40,482,384	106,498,871	0
Banana 1	3,371	9,590	164	468	0	0	0
Banana 2	3,871	10,550	189	514	0	0	0
Manga	4,630	13,460	708	2,058	24,803,632	72,107,319	26,786
Citrinos	3,685	8,800	771	1,841	120,749,818	288,357,774	0
Tâmaras (Tamareira)	5,245	12,120	1,943	4,489	0	0	0
Amendoim	1,183	5,670	1,300	6,231	132,595,580	635,517,277	0
Soja	3	4,180	4	5,500	84,275	117,422,800	0
Pimenta	381	6,256	778	12,767	0	0	0
Cana-de-açúcar	4,083	16,250	208	829	12,493,376	49,722,596	15,299
beterraba sacarina	3,638	3,933	254	274	0	0	0
Feijão seco	2,821	2,042	3,358	2,431	0	0	0
Feijão Verde	3	4,124	0	526	0	0	0
Tabaco não manufaturado	3,938	430	4,145	453	2,989,978	326,483	0
Impulsos	16	5,217	13	4,140	2,457,172	801,191,666	0

3.4: Valor da produção, custo de importação e receita de exportação em dólares e dólares por metro cúbico

Tipo de cultura	Produção V. ($)	Custo de importação ($)	Receitas de exportação ($)	Produção V. ($/m3)	Custo de importação ($/m3)	Receitas de exportação ($/m3)
Trigo	362,725	64,679,832	1,025	0.02	0.06	0.04
Trigo de inverno	0	0	0	0	0	0
Arroz	52,486,606	64,852,304	3,647	0.06	0.15	0.13
Milho	41,660,472	61,875	14,465	0.03	0.28	0.01
painço	35,053,898	539	4,285	0.13	0.01	0.01
Sorgo	37,576,788	2,000	9,651	0.03	0.30	0.01
Cevada	0	4,523	0	0	0.18	0
Tomate	23,867,627	7,891	84	0.27	2.36	0.05
Couve	0	1,040	0	0	11.53	0
Batata	6,380,637	10,293	6,471	0.11	0.81	0.06
Legumes frescos nes	47,889,409	86,220	2,600	0.33	11.77	1.73
Banana 1	0	0	0	0	0	0
Banana 2	0	0	0	0	0	0
Manga	20,986,444	0	1,758	0.22	0	0.14
Citrinos	70,797,076	0	0	0.17	0	0
Tâmaras (Tamareira)	0	37,167	0	0	0.04	0
Amendoim	52,732,242	263,791	36,183	0.07	0.11	0.10
Soja	5,892,490	297,550	127,779	0.05	0.10	0.06
Pimenta	0	86,518	0	0	0.10	0
Cana-de-açúcar	1,919,139	24,719,100	0	0.03	0.42	0.00
beterraba sacarina	0	0	0	0	0	0
Feijão seco	0	13,643	0	0	0.31	0
Feijão Verde	0	0	0	0	0	0
Tabaco Não fabricado	1,217,194	3,848,977	1,181	0.37	1.13	0.37
Impulsos	113,063,394	22,101	12,270	0.14	0.44	0.14

Appendix 4

Maiduguri Região

4.1: Área colhida, necessidades hídricas da cultura, rendimento e teor de água virtual

Categoria Crope	Tipo de cultura	Área colhida (ha)	CWR (m3/ha)	Rendimento (ton/ha)	VWC (m3/ton)
Grãos	Trigo	2,419	7,524	1	7,524
	Trigo de inverno	0	16,182	1	16,182
	Arroz	88,379	9,617	1.65	5,828
	Milho	174,412	8,104	1.46	5,551
	painço	45,080	6,189	0.61	10,146
	Sorgo	165,198	6,098	0.97	6,287
	Cevada	0	8,473	2.69	3,150
Legumes	Tomate	8,229	9,707	5.75	1,688
	Couve	0	8,893	14.78	602
	Batata	7,974	7,737	4.55	1,700
	Legumes frescos nes	22,376	5,359	8.35	642
Frutos e nozes	Banana 1	0	16,969	20.51	827
	Banana 2	0	17,864	20.51	871
	Manga	3,929	23,530	6.54	3,598
	Citrinos	24,035	16,480	4.78	3,448
	Tâmaras (Tamareira)	0	22,810	2.7	8,448
Culturas oleaginosas	Amendoim	82,211	8,366	0.91	9,193
	Soja	20,605	3,436	0.76	4,521
Outras culturas	Pimenta	0	8,763	0.49	17,884
	Cana-de-açúcar	2,244	26,878	19.6	1,371
	beterraba sacarina	0	8,574	14.34	598
	Feijão seco	0	5,347	0.84	6,365
	Feijão Verde	0	4,664	7.84	595
	Tabaco não manufaturado	557	4,794	0.95	5,046
	Impulsos	112,643	6,476	1.26	5,140

4.2   : Quantidade produzida, quantidade importada, quantidade exportada, procura virtual de água, importação virtual de água e exportação virtual de água.

Tipo de cultura	Q.produzir (ton/ano)	Q. de importação (Ton/ano)	Q. de exportação (ton/ano)	VWD (m3/ano)	Importação de VWT (m3/ano)	Exportação de VWT (m3/ano)
Trigo	2,419	131,781	3	18,197,546	991,520,244	22,572
Trigo de inverno	0	0	0	0	0	0
Arroz	145,825	66,131	4	849,937,054	385,440,617	25,645
Milho	254,642	36	228	1,413,434,737	201,490	1,263,891
painço	27,499	6	59	278,998,091	63,919	602,667
Sorgo	160,242	1	117	1,007,379,541	5,658	733,017
Cevada	0	9	0	0	29,293	0
Tomate	47,315	2	1	79,875,105	3,039	1,519
Couve	0	0	0	0	120	0
Batata	36,280	8	66	61,691,097	13,093	112,909
Legumes frescos nes	186,839	9	2	119,912,727	5,969	1,219
Banana 1	0	0	0	0	0	0
Banana 2	0	0	0	0	0	0
Manga	25,698	0	4	92,457,429	0	12,593
Citrinos	114,885	0	0	396,088,526	0	0
Tâmaras (Tamareira)	0	119	0	0	1,006,174	0
Amendoim	74,812	236	37	687,778,973	2,167,805	340,156
Soja	15,659	386	266	70,796,972	1,743,770	1,202,600
Pimenta	0	45	0	0	801,189	0
Cana-de-açúcar	43,989	42,067	0	60,323,008	57,687,593	0
beterraba sacarina	0	0	0	0	0	0
Feijão seco	0	6	0	0	35,010	0
Feijão Verde	0	0	0	0	0	0
Tabaco Não fabricado	529	544	1	2,670,006	2,743,177	2,523
Impulsos	141,930	9	15	729,472,573	45,743	79,151

4.3 Precipitação efectiva, necessidades reais de irrigação, teor de água virtual verde, teor de água virtual azul, necessidades de água virtual verde, necessidades de água virtual azul e necessidades de água virtual cinzenta.

Tipo de cultura	Chuva efectiva (m3/ha)	Act.Irrigat. (m3/ha)	GVWC (m3/ton)	BVWC (m3/ton)	GVWD (m3/ano)	BVWD m3/ano)	GRVWD (m3/ano)
Trigo	1,194	6,330	1,194	6,330	2,887,808	15,309,738	0
Trigo de inverno	693	15,480	693	15,480	0	0	0
Arroz	2,107	7,510	1,277	4,552	186,213,723	663,723,332	0
Milho	989	7,115	677	4,873	172,493,454	1,240,941,283	0
painço	11	6,178	18	10,128	495,876	278,502,214	0
Sorgo	2,305	3,793	2,376	3,910	380,782,198	626,597,344	0
Cevada	353	8,120	131	3,019	0	0	0
Tomate	1,530	8,177	266	1,422	12,589,771	67,285,333	0
Couve	1,017	7,876	69	533	0	0	0
Batata	90	7,647	20	1,681	717,616	60,973,481	0
Legumes frescos nes	1,295	4,064	155	487	28,976,858	90,935,869	0
Banana 1	3,113	13,850	152	675	0	0	0
Banana 2	3,080	14,780	150	721	0	0	0
Manga	4,693	18,830	718	2,879	18,440,404	73,989,519	27,505
Citrinos	3,917	12,560	819	2,628	94,143,128	301,873,294	72,103
Tâmaras (Tamareira)	4,852	17,950	1,797	6,648	0	0	0
Amendoim	961	7,405	1,056	8,137	79,004,972	608,774,001	0
Soja	2,982	454	3,924	597	61,442,541	9,354,431	0
Pimenta	333	8,430	680	17,204	0	0	0
Cana-de-açúcar	4,533	22,340	231	1,140	10,173,532	50,138,255	11,222
beterraba sacarina	3,698	4,875	258	340	0	0	0
Feijão seco	2,523	2,823	3,004	3,361	0	0	0
Feijão Verde	690	3,975	88	507	0	0	0
Tabaco Não fabricado	3,303	1,491	3,477	1,569	1,839,597	830,409	0
Impulsos	1,475	5,001	1,171	3,969	166,147,629	563,324,944	0

4.4: Valor da produção, custo de importação e receita de exportação em dólares e dólares por metro cúbico

Tipo de cultura	Produção V. ($)	Custo de importação ($)	Receitas de exportação ($)	Produção V. ($/m3)	Custo de importação ($/m3)	Receitas de exportação ($/m3)
Trigo	266,046	47,441,160	750	0.01	0.05	0.03
Trigo de inverno	0	0	0	0	0	0
Arroz	38,497,721	47,567,669	2,720	0.05	0.12	0.11
Milho	30,556,980	45,375	10,611	0.02	0.23	0.01
painço	25,711,191	390	3,142	0.09	0.01	0.01
Sorgo	27,561,693	1,500	7,078	0.03	0.27	0.01
Cevada	0	3,339	0	0	0.11	0
Tomate	17,506,365	5,919	58	0.22	1.95	0.04
Couve	0	1,040	0	0	8.64	0
Batata	4,680,056	7,548	4,748	0.08	0.58	0.04
Legumes frescos nes	35,125,770	63,138	1,900	0.29	10.58	1.56
Banana 1	0	0	0	0	0	0
Banana 2	0	0	0	0	0	0
Manga	15,393,042	0	1,309	0.17	0	0.10
Citrinos	51,927,975	0	0	0.13	0	0
Tâmaras (Tamareira)	0	27,274	0	0	0.03	0
Amendoim	38,677,907	193,474	26,511	0.06	0.09	0.08
Soja	4,321,994	218,268	93,712	0.06	0.13	0.08
Pimenta	0	63,437	0	0	0.08	0
Cana-de-açúcar	1,407,642	18,130,877	0	0.02	0.31	0
beterraba sacarina	0	0	0	0	0	0
Feijão seco	0	10,005	0	0	0.29	0
Feijão Verde	0	0	0	0	0	0
Tabaco Não fabricado	892,856	2,822,860	844	0.33	1.03	0.33
Impulsos	82,929,407	16,256	8,998	0.11	0.36	0.11

Appendix 5

Região de Nguru

5.1: Área colhida, necessidades hídricas das culturas, rendimento e teor de água virtual

Categoria Crope	Tipo de cultura	Área colhida (ha)	CWR (m3/ha)	Rendimento (ton/ha)	VWC (m3/ton)
Grãos	Trigo	645	5,608	1	5,608
	Trigo de inverno	0	10,392	1	10,392
	Arroz	23,563	7,740	1.65	4,691
	Milho	46,500	5,858	1.46	4,012
	painço	12,019	3,276	0.61	5,370
	Sorgo	44,044	5,164	0.97	5,324
	Cevada	0	5,205	2.69	1,935
Legumes	Tomate	2,194	7,413	5.75	1,289
	Couve	0	6,328	14.78	428
	Batata	2,126	4,782	4.55	1,051
	Legumes frescos nes	5,966	4,856	8.35	582
Frutos e nozes	Banana 1	0	11,701	20.51	571
	Banana 2	0	11,310	20.51	551
	Manga	1,048	16,549	6.54	2,530
	Citrinos	6,408	11,091	4.78	2,320
	Tâmaras (Tamareira)	0	15,681	2.7	5,808
Culturas oleaginosas	Amendoim	21,918	6,240	0.91	6,857
	Soja	5,493	3,305	0.76	4,349
Outras culturas	Pimenta	0	5,587	0.49	11,402
	Cana-de-açúcar	598	18,007	19.6	919
	beterraba sacarina	0	7,570	14.34	528
	Feijão seco	0	4,994	0.84	5,945
	Feijão Verde	0	3,168	7.84	404
	Tabaco não manufaturado	149	4,612	0.95	4,855
	Impulsos	30,032	5,348	1.26	4,244

5.2: Quantidade produzida, quantidade importada, quantidade exportada, procura virtual de água, importação virtual de água e exportação virtual de água.

Tipo de cultura	Q.produzir (ton/ano)	Q. de importação (Ton/ano)	Q. de exportação (ton/ano)	DVE (m3/ano)	Importação VWT (m3/ano)	Exportação VWT (m3/ano)
Trigo	645	35,134	1	3,616,038	197,032,033	4,486
Trigo de inverno	0	0	0	0	0	0
Arroz	38,878	17,631	1	182,374,571	82,705,887	5,629
Milho	67,890	10	61	272,397,000	38,920	243,548
painço	7,331	2	16	39,373,224	9,130	84,854
Sorgo	42,722	0	31	227,440,661	1,065	165,567
Cevada	0	3	0	0	4,837	0
Tomate	12,615	1	0	16,262,833	645	258
Couve	0	0	0	0	0	0
Batata	9,673	2	18	10,165,691	2,102	18,603
Legumes frescos nes	49,813	3	1	28,969,209	1,454	291
Banana 1	0	0	0	0	0	0
Banana 2	0	0	0	0	0	0
Manga	6,851	0	1	17,336,722	0	2,277
Citrinos	30,630	0	0	71,069,411	0	0
Tâmaras (Tamareira)	0	32	0	0	184,107	0
Amendoim	19,946	63	10	136,770,514	431,314	67,886
Soja	4,175	103	71	18,155,757	447,045	308,322
Pimenta	0	12	0	0	136,824	0
Cana-de-açúcar	11,728	11,216	0	10,774,709	10,303,955	0
beterraba sacarina	0	0	0	0	0	0
Feijão seco	0	2	0	0	8,918	0
Feijão Verde	0	0	0	0	0	0
Tabaco Não fabricado	141	145	0	685,003	703,451	485
Impulsos	37,840	2	4	160,608,929	10,187	17,402

5.3: Precipitação efectiva, necessidades reais de irrigação, teor de água virtual verde, teor de água virtual azul, necessidades de água virtual verde, necessidades de água virtual azul e necessidades de água virtual cinzenta.

Tipo de cultura	Chuva efectiva (m3/ha)	Act.Irrigat. (m3/ha)	GVWC (m3/ton)	BVWC (m3/ton)	GVWD (m3/ano)	BVWD m3/ano)	GRVWD (m3/ano)
Trigo	785	4,823	785	4,823	506,168	3,109,870	0
Trigo de inverno	504	9,888	504	9,888	0	0	0
Arroz	1,710	6,030	1,036	3,655	40,292,056	142,082,515	0
Milho	646	5,212	442	3,570	30,039,000	242,358,000	0
painço	2	3,274	3	5,367	24,037	39,349,186	0
Sorgo	1,763	3,401	1,818	3,506	77,648,700	149,791,961	0
Cevada	201	5,004	75	1,860	0	0	0
Tomate	1,289	6,124	224	1,065	2,827,842	13,434,991	0
Couve	835	5,493	56	372	0	0	0
Batata	44	4,738	10	1,041	93,536	10,072,155	0
Legumes frescos nes	1,161	3,695	139	443	6,926,123	22,043,087	0
Banana 1	2,832	8,869	138	432	0	0	0
Banana 2	1,689	9,621	82	469	0	0	0
Manga	3,932	12,610	601	1,928	4,119,161	13,210,228	7,333
Citrinos	2,846	8,245	595	1,725	18,236,727	52,832,684	0
Tâmaras (Tamareira)	3,968	11,710	1,470	4,337	0	0	0
Amendoim	690	5,550	758	6,099	15,123,663	121,646,852	0
Soja	2,752	553	3,621	728	15,117,895	3,037,862	0
Pimenta	95	5,491	194	11,206	0	0	0
Cana-de-açúcar	3,743	14,260	191	728	2,239,670	8,532,646	2,393
beterraba sacarina	3,360	4,210	234	294	0	0	0
Feijão seco	2,129	2,865	2,535	3,411	0	0	0
Feijão Verde	2	3,165	0	404	0	0	0
Tabaco não manufaturado	3,052	1,560	3,213	1,642	453,302	231,701	0
Impulsos	1,245	4,103	988	3,256	37,389,326	123,219,603	0

5.4: Valor da produção, custo de importação e receita de exportação em dólares e dólares por metro cúbico

Tipo de cultura	Produção V. ($)	Custo de importação ($)	Receitas de exportação ($)	Produção V. ($/m3)	Custo de importação ($/m3)	Receitas de exportação ($/m3)
Trigo	70,928	12,648,276	200	0.02	0.06	0.04
Trigo de inverno	0	0	0	0	0	0
Arroz	10,263,871	12,682,050	742	0.06	0.15	0.13
Milho	8,146,800	12,125	2,829	0.03	0.31	0.01
painço	6,854,859	105	836	0.17	0.01	0.01
Sorgo	7,348,218	333	1,888	0.03	0.31	0.01
Cevada	0	898	0	0	0.19	0
Tomate	4,667,365	1,644	13	0.29	2.55	0.05
Couve	0	0	0	0	0	0
Batata	1,247,753	1,961	1,266	0.12	0.93	0.07
Legumes frescos nes	9,364,882	16,973	500	0.32	11.67	1.72
Banana 1	0	0	0	0	0	0
Banana 2	0	0	0	0	0	0
Manga	4,103,929	0	337	0.24	0	0.15
Citrinos	13,844,534	0	0	0.19	0	0
Tâmaras (Tamareira)	0	7,259	0	0	0.04	0
Amendoim	10,311,927	51,609	7,093	0.08	0.12	0.10
Soja	1,152,300	58,175	24,978	0.06	0.13	0.08
Pimenta	0	16,992	0	0	0.12	0
Cana-de-açúcar	375,293	4,833,881	0	0.03	0.47	0
beterraba sacarina	0	0	0	0	0	0
Feijão seco	0	2,729	0	0	0.31	0
Feijão Verde	0	0	0	0	0	0
Tabaco Não fabricado	238,106	752,451	169	0.35	1.07	0.35
Impulsos	22,109,795	4,384	2,396	0.14	0.43	0.14

Appendix 6

Região de Potiskum

6.1: Superfície colhida, necessidades hídricas das culturas, rendimento e teor de água virtual

Categoria Crope	Tipo de cultura	Área colhida (ha)	CWR (m3/ha)	Rendimento (ton/ha)	VWC (m3/ton)
Grãos	Trigo	708	6,456	1	6,456
	Trigo de inverno	0	12,471	1	12,471
	Arroz	25,870	8,426	1.65	5,107
	Milho	51,053	6,862	1.46	4,700
	painço	13,195	4,371	0.61	7,166
	Sorgo	48,356	5,433	0.97	5,601
	Cevada	0	6,612	2.69	2,458
Legumes	Tomate	2,409	8,311	5.75	1,445
	Couve	0	6,485	14.78	439
	Batata	2,334	5,328	4.55	1,171
	Legumes frescos nes	6,550	4,775	8.35	572
Frutos e nozes	Banana 1	0	12,758	20.51	622
	Banana 2	0	14,585	20.51	711
	Manga	1,150	17,947	6.54	2,744
	Citrinos	7,035	12,229	4.78	2,558
	Tâmaras (Tamareira)	0	17,298	2.7	6,407
Culturas oleaginosas	Amendoim	24,064	7,159	0.91	7,867
	Soja	6,031	2,977	0.76	3,917
Outras culturas	Pimenta	0	6,967	0.49	14,218
	Cana-de-açúcar	657	20,521	19.6	1,047
	beterraba sacarina	0	7,639	14.34	533
	Feijão seco	0	4,870	0.84	5,798
	Feijão Verde	0	3,356	7.84	428
	Tabaco não manufaturado	163	5,751	0.95	6,054
	Impulsos	32,972	5,787	1.26	4,593

6.2: Quantidade produzida, quantidade importada, quantidade exportada, procura virtual de água, importação virtual de água e exportação virtual de água.

Tipo de cultura	Q.produzir (ton/ano)	Q. importação (Ton/ano)	Q. exportação (ton/ano)	DVE (m3/ano)	Importação VWT (m3/ano)	Exportação VWT (m3/ano)
Trigo	708	38,574	1	4,570,848	249,035,035	5,810
Trigo de inverno	0	0	0	0	0	0
Arroz	42,685	19,357	1	217,978,067	98,851,789	6,639
Milho	74,537	11	67	350,325,310	49,820	313,020
painço	8,049	2	17	57,677,136	13,615	124,681
Sorgo	46,905	0	34	262,718,036	1,680	190,995
Cevada	0	3	0	0	6,637	0
Tomate	13,850	1	0	20,018,091	723	434
Couve	0	0	0	0	0	0
Batata	10,620	2	19	12,435,318	2,576	22,717
Legumes frescos nes	54,691	3	1	31,275,106	1,544	343
Banana 1	0	0	0	0	0	0
Banana 2	0	0	0	0	0	0
Manga	7,522	0	1	20,642,343	0	2,744
Citrinos	33,629	0	0	86,034,085	0	0
Tâmaras (Tamareira)	0	35	0	0	222,952	0
Amendoim	21,899	69	11	172,277,008	542,825	84,964
Soja	4,584	113	78	17,954,835	442,241	305,143
Pimenta	0	13	0	0	186,261	0
Cana-de-açúcar	12,876	12,314	0	13,481,250	12,892,214	0
beterraba sacarina	0	0	0	0	0	0
Feijão seco	0	2	0	0	9,276	0
Feijão Verde	0	0	0	0	0	0
Tabaco não manufaturado	155	159	0	937,716	963,141	605
Impulsos	41,545	3	5	190,809,331	11,941	20,668

6.3: Precipitação efectiva, necessidades reais de irrigação, teor de água virtual verde, teor de água virtual azul, necessidades de água virtual verde, necessidades de água virtual azul e necessidades de água virtual cinzenta.

Tipo de cultura	Chuva efectiva (m3/ha)	Act.Irrigat. (m3/ha)	GVWC (m3/ton)	BVWC (m3/ton)	GVWD (m3/ano)	BVWD m3/ano)	GRVWD (m3/ano)
Trigo	1,480	4,976	1,480	4,976	1,047,840	3,523,008	0
Trigo de inverno	1,384	11,080	1,384	11,080	0	0	0
Arroz	3,133	5,293	1,899	3,208	81,049,761	136,928,306	0
Milho	1,474	5,388	1,010	3,690	75,252,041	275,073,269	0
painço	44	4,327	72	7,093	580,598	57,096,538	0
Sorgo	2,838	2,595	2,926	2,675	137,234,269	125,483,766	0
Cevada	686	5,925	255	2,203	0	0	0
Tomate	2,463	5,848	428	1,017	5,932,446	14,085,645	0
Couve	992	5,493	67	372	0	0	0
Batata	110	5,218	24	1,147	256,735	12,178,583	0
Legumes frescos nes	28	4,747	3	569	183,393	31,091,713	0
Banana 1	3,808	8,950	186	436	0	0	0
Banana 2	4,203	10,380	205	506	0	0	0
Manga	6,703	11,240	1,025	1,719	7,709,680	12,928,062	4,601
Citrinos	4,157	8,072	870	1,689	29,245,539	56,788,546	0
Tâmaras (Tamareira)	5,589	11,700	2,070	4,333	0	0	0
Amendoim	1,573	5,586	1,729	6,138	37,853,294	134,423,714	0
Soja	2,928	49	3,853	64	17,659,307	295,528	0
Pimenta	457	6,511	933	13,288	0	0	0
Cana-de-açúcar	4,283	16,230	219	828	2,813,712	10,662,282	5,256
beterraba sacarina	4,392	3,247	306	226	0	0	0
Feijão seco	2,829	2,041	3,368	2,430	0	0	0
Feijão Verde	815	2,541	104	324	0	0	0
Tabaco Não fabricado	53	5,698	56	5,998	8,642	929,074	0
Impulsos	1,908	3,879	1,514	3,079	62,910,697	127,898,634	0

6.4: Valor da produção, custo de importação e receita de exportação em dólares e dólares por metro cúbico

Tipo de cultura	Produção V. ($)	Custo de importação ($)	Receitas de exportação ($)	Produção V. ($/m3)	Custo de importação ($/m3)	Receitas de exportação ($/m3)
Trigo	77,880	13,886,712	225	0.02	0.06	0.04
Trigo de inverno	0	0	0	0	0	0
Arroz	11,268,840	13,923,778	804	0.05	0.14	0.12
Milho	8,944,476	13,250	3,104	0.03	0.27	0.01
painço	7,526,002	118	920	0.13	0.01	0.01
Sorgo	8,067,712	500	2,070	0.03	0.30	0.01
Cevada	0	969	0	0	0.15	0
Tomate	5,124,352	1,644	19	0.26	2.27	0.04
Couve	0	0	0	0	0	0
Batata	1,369,916	2,157	1,387	0.11	0.84	0.06
Legumes frescos nes	10,281,814	18,330	600	0.33	11.87	1.75
Banana 1	0	0	0	0	0	0
Banana 2	0	0	0	0	0	0
Manga	4,505,798	0	374	0.22	0	0.14
Citrinos	15,200,082	0	0	0.18	0	0
Tâmaras (Tamareira)	0	7,969	0	0	0.04	0
Amendoim	11,321,576	56,615	7,738	0.07	0.10	0.09
Soja	1,265,101	63,890	27,444	0.07	0.14	0.09
Pimenta	0	18,550	0	0	0.10	0
Cana-de-açúcar	412,038	5,307,162	0	0.03	0.41	0.00
beterraba sacarina	0	0	0	0	0	0
Feijão seco	0	2,910	0	0	0.31	0
Feijão Verde	0	0	0	0	0	0
Tabaco Não fabricado	261,394	826,190	169	0.28	0.86	0.28
Impulsos	24,274,627	4,749	2,629	0.13	0.40	0.13

Appendix 7

Região de Sokoto

7.1: Área colhida, necessidades hídricas da cultura, rendimento e teor de água virtual

Categoria Crope	Tipo de cultura	Área colhida (ha)	CWR (m3/ha)	Rendimento (ton/ha)	VWC (m3/ton)
Grãos	Trigo	2,105	6,921	1	6,921
	Trigo de inverno	0	14,901	1	14,901
	Arroz	76,900	8,971	1.65	5,437
	Milho	151,760	7,405	1.46	5,072
	painço	39,225	5,614	0.61	9,203
	Sorgo	143,743	5,684	0.97	5,860
	Cevada	0	7,623	2.69	2,834
Legumes	Tomate	7,160	8,983	5.75	1,562
	Couve	0	7,998	14.78	541
	Batata	6,938	7,151	4.55	1,572
	Legumes frescos nes	19,470	5,036	8.35	603
Frutos e nozes	Banana 1	0	15,497	20.51	756
	Banana 2	0	16,554	20.51	807
	Manga	3,419	21,184	6.54	3,239
	Citrinos	20,913	14,813	4.78	3,099
	Tâmaras (Tamareira)	0	20,619	2.7	7,637
Culturas oleaginosas	Amendoim	71,534	7,725	0.91	8,489
	Soja	17,929	3,142	0.76	4,134
Outras culturas	Pimenta	0	7,950	0.49	16,224
	Cana-de-açúcar	1,953	24,437	19.6	1,247
	beterraba sacarina	0	10,508	14.34	733
	Feijão seco	0	6,728	0.84	8,010
	Feijão Verde	0	4,078	7.84	520
	Tabaco não manufaturado	485	4,449	0.95	4,683
	Impulsos	98,013	6,062	1.26	4,811

7.2: Quantidade produzida, quantidade importada, quantidade exportada, procura virtual de água, importação virtual de água e exportação virtual de água.

Tipo de cultura	Q.produzir (ton/ano)	Q. de importação (Ton/ano)	Q. de exportação (ton/ano)	VWD (m3/ano)	Importação de VWT (m3/ano)	Exportação de VWT (m3/ano)
Trigo	2,105	114,666	3	14,565,245	793,603,386	17,995
Trigo de inverno	0	0	0	0	0	0
Arroz	126,886	57,542	4	689,873,706	312,853,023	20,660
Milho	221,570	32	198	1,123,785,336	160,273	1,004,747
painço	23,927	6	52	220,208,690	50,618	475,810
Sorgo	139,431	1	102	817,036,911	4,688	594,769
Cevada	0	8	0	0	22,671	0
Tomate	41,170	2	1	64,317,499	2,500	1,250
Couve	0	0	0	0	54	0
Batata	31,568	7	58	49,613,324	10,530	90,684
Legumes frescos nes	162,574	8	2	98,050,317	4,885	1,025
Banana 1	0	0	0	0	0	0
Banana 2	0	0	0	0	0	0
Manga	22,360	0	3	72,428,549	0	9,717
Citrinos	99,964	0	0	309,784,765	0	0
Tâmaras (Tamareira)	0	104	0	0	791,159	0
Amendoim	65,096	205	32	552,600,659	1,741,945	273,346
Soja	13,626	336	232	56,331,512	1,387,441	957,070
Pimenta	0	39	0	0	632,755	0
Cana-de-açúcar	38,276	36,604	0	47,721,721	45,636,846	0
beterraba sacarina	0	0	0	0	0	0
Feijão seco	0	5	0	0	38,446	0
Feijão Verde	0	0	0	0	0	0
Tabaco Não fabricado	460	473	0	2,156,126	2,215,134	1,873
Impulsos	123,496	8	13	594,154,902	37,046	64,469

7.3: Precipitação efectiva, necessidades reais de irrigação, teor de água virtual verde, teor de água virtual azul, necessidades de água virtual verde, necessidades de água virtual azul e necessidades de água virtual cinzenta.

Tipo de cultura	Chuva efectiva (m3/ha)	Act.Irrigat. (m3/ha)	GVWC (m3/ton)	BVWC (m3/ton)	GVWD (m3/ano)	BVWD (m3/ano)	GRVWD (m3/ano)
Trigo	1,423	5,498	1,423	5,498	2,994,704	11,570,541	0
Trigo de inverno	1,151	13,750	1,151	13,750	0	0	0
Arroz	2,757	6,214	1,671	3,766	212,014,470	477,859,236	0
Milho	1,163	6,242	797	4,275	176,497,278	947,288,058	0
painço	19	5,595	31	9,172	745,273	219,463,416	0
Sorgo	2,533	3,151	2,611	3,248	364,101,776	452,935,135	0
Cevada	554	7,069	206	2,628	0	0	0
Tomate	2,150	6,833	374	1,188	15,393,813	48,923,686	0
Couve	957	7,040	65	476	0	0	0
Batata	70	7,081	15	1,556	485,657	49,127,667	0
Legumes frescos nes	1,148	3,888	137	466	22,351,423	75,698,894	0
Banana 1	3,546	11,950	173	583	0	0	0
Banana 2	3,860	12,690	188	619	0	0	0
Manga	5,835	15,340	892	2,346	19,949,990	52,447,788	30,771
Citrinos	3,834	10,970	802	2,295	80,180,570	229,415,977	188,217
Tâmaras (Tamareira)	5,232	15,380	1,938	5,696	0	0	0
Amendoim	1,121	6,604	1,232	7,257	80,189,688	472,410,971	0
Soja	3,035	107	3,993	141	54,413,157	1,918,355	0
Pimenta	339	7,611	692	15,533	0	0	0
Cana-de-açúcar	4,047	20,390	206	1,040	7,903,172	39,818,549	0
beterraba sacarina	584	9,924	41	692	0	0	0
Feijão seco	40	6,688	48	7,962	0	0	0
Feijão Verde	688	3,390	88	432	0	0	0
Tabaco Não fabricado	3,933	516	4,140	543	1,906,056	250,070	0
Impulsos	1,774	4,288	1,408	3,403	173,875,090	420,279,812	0

Tipo de cultura	Produção V. ($)	Custo de importação ($)	Receitas de exportação ($)	Produção V. ($/m3)	Custo de importação ($/m3)	Receitas de exportação ($/m3)
Trigo	231,495	41,279,760	650	0.02	0.05	0.04
Trigo de inverno	0	0	0	0	0	0
Arroz	33,497,825	41,389,817	2,349	0.05	0.13	0.11
Milho	26,588,412	39,500	9,231	0.02	0.25	0.01
painço	22,371,932	340	2,735	0.10	0.01	0.01
Sorgo	23,982,132	1,333	6,161	0.03	0.28	0.01
Cevada	0	2,872	0	0	0.13	0
Tomate	15,232,715	5,261	52	0.24	2.10	0.04
Couve	0	520	0	0	9.61	0
Batata	4,072,233	6,568	4,126	0.08	0.62	0.05
Legumes frescos nes	30,563,818	54,991	1,700	0.31	11.26	1.66
Banana 1	0	0	0	0	0	0
Banana 2	0	0	0	0	0	0
Manga	13,393,880	0	1,122	0.18	0	0.12
Citrinos	45,183,864	0	0	0.15	0	0
Tâmaras (Tamareira)	0	23,724	0	0	0.03	0
Amendoim	33,654,632	168,367	23,071	0.06	0.10	0.08
Soja	3,760,693	189,916	81,557	0.07	0.14	0.09
Pimenta	0	55,224	0	0	0.09	0
Cana-de-açúcar	1,224,826	15,776,152	0	0.03	0.35	0
beterraba sacarina	0	0	0	0	0	0
Feijão seco	0	8,731	0	0	0.23	0
Feijão Verde	0	0	0	0	0	0
Tabaco Não fabricado	776,925	2,456,242	675	0.36	1.11	0.36
Impulsos	72,158,947	14,064	7,830	0.12	0.38	0.12

Apêndice 8

8.1: Resumo dos valores totais obtidos graças à metodologia e aos cálculos efectuados 1

Regiões	Área de colheita (ha)	CWR (m3/ha)	VWC (m3/ton)	Q.P. (ton/yr)	Imp.Q.(ton/yr)	Q.Ex.(ton/yr)	VWD (m3/yr)	VWI (m3/yr)	VWE (m3/yr)
Gusau	591714.92	231659	104667.87	995074.1	187870.9	624.9	3622385651	674802864	2.724.063.824
Kano	1705082.1	270397	127858.5	2867399.8	541368.1	1800.6	12521544086	3078763708	9.345.038.751
Katsina	1036554.6	212018	102012.23	1743151.2	329108.7	1094.4	6523754007	1601627723	5.473.174.782
Maiduguri	760288.6	268834	127205.37	1278560.8	241393.7	802.7	5869013385	1443513905	4.400.462.946
Nguru	202700.6	191785	91.965.721	340877.2	64358	213.9	1196000272	292021873	9.196.086.737
Potiskum	222547.6	215374	105082.07	374253.3	70659.2	234.9	1459134481	363234270	1.078.762.994
Sokoto	430781.1	211835	86.563.745	761947.9	37803.3	493.9	2884404975	52576715.9	2.470.013.266

8.2: Resumo dos valores totais obtidos graças à metodologia e aos cálculos efectuados 2

Regiões	GVWD (m3/yr)	BVWD (m3/yr)	GRVWD (m3/yr)	Valor Pr. ($)	Imp. Custo ($)	Rendimento de despesas(S)
Gusau	1504465401	2117760631	159.620.069	292209166	90761786	126448
Kano	3551547344	8969386987	609.755.087	842028048	261539746	364333
Katsina	1229568020	5294143902	42085.04	511886141	158995364	221399
Maiduguri	1216349109	4652553446	110.830.524	375456645	116619529	162381
Nguru	251037206.2	944953340	97.266.447	100100560	31091845	43247
Potiskum	459737955.4	999386669	985.632.578	109901608	34135493	47483
Sokoto	821495665.3	2062690322	218.988.494	266376597	18764305	129029

Buy your books fast and straightforward online - at one of world's fastest growing online book stores! Environmentally sound due to Print-on-Demand technologies.

Buy your books online at
www.morebooks.shop

Compre os seus livros mais rápido e diretamente na internet, em uma das livrarias on-line com o maior crescimento no mundo! Produção que protege o meio ambiente através das tecnologias de impressão sob demanda.

Compre os seus livros on-line em
www.morebooks.shop

Printed by Books on Demand GmbH, Norderstedt / Germany